工业和信息化高职高专
"十三五"规划教材立项项目

高等职业院校**信息技术应用**"十三五"规划教材

大学计算机应用基础拓展与实训

Experimental Guidance for College Computer

方莉 张衡琳 主编

李正华 冯桥华 赵宇光 陈桂鄂 付俭 副主编

顾名宇 主审

U0317177

人民邮电出版社

北京

图书在版编目（ＣＩＰ）数据

大学计算机应用基础拓展与实训 / 方莉，张衡琳主编. --- 北京 ：人民邮电出版社，2017.8（2020.1重印）
高等职业院校信息技术应用"十三五"规划教材
ISBN 978-7-115-42860-8

Ⅰ. ①大… Ⅱ. ①方… ②张… Ⅲ. ①电子计算机—高等职业教育—教材 Ⅳ. ①TP3

中国版本图书馆CIP数据核字（2016）第 282250号

内 容 提 要

本书是《大学计算机应用基础》一书的上机指导、实训操作和习题集。全书共分三部分。第一部分是上机指导，包括计算机基本操作、Windows 7 操作系统、Word 2010 文字处理软件的应用、Excel 2010 电子表格软件的应用、PowerPoint 2010 演示文稿的制作、计算机网络与 Internet 的探索以及计算机系统维护与安全 7 个方面内容。第二部分是操作实训，供学生在上机时使用。第三部分是习题，对应列出了每一个项目的习题，对计算机应用基础知识按单选题、多选题和判断题给出习题，以便学生可以根据练习题来掌握所学的知识。

本书既可作为普通高校非计算机专业学生的计算机基础课程参考用书，也适用于计算机培训班或作为计算机等级考试一级 MS Office 自学的参考书。

◆ 主　　编　方　莉　张衡琳
　　副 主 编　李正华　冯桥华　赵宇光　陈桂鄂　付　俭
　　主　　审　顾名宇
　　责任编辑　刘　琦
　　执行编辑　古显义
　　责任印制　焦志炜

◆ 人民邮电出版社出版发行　北京市丰台区成寿寺路 11 号
　　邮编　100164　电子邮件　315@ptpress.com.cn
　　网址　http://www.ptpress.com.cn
　　三河市中晟雅豪印务有限公司印刷

◆ 开本：787×1092　1/16
　　印张：10.25　　　　　2017 年 8 月第 1 版
　　字数：259 千字　　2020 年 1 月河北第 9 次印刷

定价：27.00 元
读者服务热线：(010)81055256　印装质量热线：(010)81055316
反盗版热线：(010)81055315
广告经营许可证：京东工商广登字 20170147 号

本书编委会

主编：方　莉　　张衡琳

主审：顾名宇

副主编：李正华　冯桥华　赵宇光　陈桂鄂　付　俭

编委：陶　金　李皓光　顾名宇　方莉　张衡琳

　　　顾恒成　汪舟　李顺长

前　言

随着信息技术的迅猛发展，计算机应用已经深入到我们的生活、工作、学习等方面。在现代社会中，计算机作为一种信息处理的工具，发挥着越来越重要的作用。计算机的基本知识和应用能力，已经成为从事各种职业的人们不可或缺的基本知识和能力。

本书作为《大学计算机应用基础》的配套教材，提供了上机操作指导、充足的实训练习和习题练习，通过这些实际操作，学生将进一步加深对计算机基础知识、基本理论的理解，提高实际操作能力。

本书共分三部分。第一部分和第二部分是上机指导和操作实训，分别列出每个项目的上机指导和实际操作方面的内容，供学生在上机时使用。第三部分是习题，列出每一个项目的习题，对计算机应用基础知识按单选题、多选题和判断题给出习题，以便学生可以根据理论题来掌握所学的知识。

本书由方莉、张衡琳担任主编，顾名宇统稿并定稿。参加此次编写的人员有李正华、冯桥华、赵宇光、陈桂鄂、付俭、陶金、李皓光等老师。

由于编者水平有限，加之时间仓促，书中难免存在疏漏之处，敬请各位读者批评指正，以便再版时修订完善。

编　者
2016 年 10 月

目 录 CONTENTS

第一部分 上机指导

项目一 计算机基本操作 2

实验一 初识计算机 2
    任务一 认识计算机的发展 2
    任务二 了解计算机中信息的表示和存储 3
    任务三 认识多媒体技术 4

实验二 计算机系统的认识 5
    任务一 认识计算机的硬件系统 5
    任务二 认识计算机的软件系统 6
    任务三 使用鼠标和键盘 6

项目二 Windows 7 操作系统 7

实验一 桌面及窗口环境 7
    任务一 了解 Windows 7 操作系统 7
    任务二 操作窗口、对话框与
        "开始"菜单 8
    任务三 定制 Windows 7 工作环境 10

    任务四 设置汉字输入法 12
实验二 管理计算机中的资源 13
    任务一 管理文件和文件夹资源 13
    任务二 管理程序和硬件资源 15

项目三 Word 2010 文字处理软件的应用 19

实验一 Word 2010 基础操作 19
    任务一 输入和编辑学习计划 19
    任务二 编辑招聘启事 21
    任务三 编辑公司简介 22

实验二 排版文档 23
    任务一 制作图书采购单 23
    任务二 排版考勤管理规范 25
    任务三 排版和打印毕业论文 26

项目四 Excel 2010 电子表格软件的应用 31

实验一 Excel 2010 基本操作 31
    任务一 制作学生成绩表 31
    任务二 编辑产品价格表 34
实验二 计算和分析 Excel 数据 38

    任务一 制作产品销售测评表 38
    任务二 统计分析员工绩效表 40
    任务三 制作销售分析图表 43

项目五 PowerPoint 2010 演示文稿的制作 45

实验一 PowerPoint 2010 基本操作 45
    任务一 制作工作总结演示文稿 45
    任务二 编辑产品上市策划演示文稿 48

实验二 设置并放映演示文稿 51
    任务一 设置市场分析演示文稿 51
    任务二 放映并输出课件演示文稿 53

项目六 Internet 的探索 56

实验 计算机网络基础与应用 56
    任务一 计算机网络基础知识 56

    任务二 Internet 基础知识 57
    任务三 应用 Internet 58

项目七 计算机系统维护与安全 61

实验 计算机维护与安全 61
    任务一 磁盘与系统维护 61

    任务二 计算机病毒及其防治 64

第二部分 操作实训

项目一 计算机基本操作 68

项目二 Windows 7 操作系统 70

项目三 Word 2010 文字处理软件的应用 73

项目四 Excel 2010 电子表格软件的应用 81

项目五 PowerPoint 2010 演示文稿的制作 85

项目六 Internet 的探索 89

项目七 计算机系统维护与安全 90

第三部分 习 题

项目一 计算机基本操作 92

情境一 初识计算机 92 | 情境二 计算机系统知识 96

项目二 Windows 7 操作系统 100

情境一 Windows 7 基本操作 100 | 情境二 管理计算机中的资源 106

项目三 Word 2010 文字处理软件的应用 113

情境一 Word 2010 基本操作 113 | 情境二 排版文档 119

项目四 Excel 2010 电子表格软件的应用 124

情境一 Excel 2010 基本操作 124 | 情境二 计算和分析 EXCEL 数据 130

项目五 PowerPoint 2010 演示文稿的制作 136

情境一 PowerPoint 2010 基本操作 136 | 情境二 设置并放映演示文稿 142

项目六 Internet 的探索 149

情境 计算机网络基础与应用 149 |

项目七 计算机系统维护与安全 154

情境 计算机的维护与安全 154 |

2

第一部分

上机指导

项目一
计算机基本操作

实验一　初识计算机

任务一　认识计算机的发展

（一）了解计算机的诞生及发展过程

第一代计算机（1946～1957 年），电子管；第二代计算机（1958～1964 年），晶体管；第三代计算机（1965～1970 年），中小规模集成电路；第四代计算机（1971 年至今），大规模、超大规模集成电路。

（二）认识计算机的特点、应用和分类

1. 计算机的特点

计算机主要具备运算速度快、计算精度高、准确的逻辑判断能力、强大的存储能力、自动化程度高、具有网络与通信功能 6 个特点。

2. 计算机的应用

计算机的应用主要体现在科学计算、数据处理和信息管理、过程控制、人工智能、计算机辅助、网络通信、多媒体技术 7 个方面。

3. 计算机的分类

按计算机的性能、规模和处理能力，可以将计算机分为巨型机、大型机、中型机、小型机和微型机。

（三）了解计算机的发展趋势

1. 计算机的发展方向

未来计算机的发展呈现出巨型化、微型化、网络化和智能化 4 个发展方向。

2. 未来新一代计算机芯片技术

计算机中最重要的核心部件是芯片，因此计算机芯片技术的不断发展是推动计算机未来发展的动力。世界上许多国家在很早的时候就开始了对各种非晶体管计算机的研究，如超导计算机、生物计算机、光子计算机和量子计算机等，这类计算机也被称为第五代计算机或新一代计算机。

（四）熟悉信息技术的相关概念

1. 信息与信息技术

信息是对客观世界中各种事物的运动状态和变化的反映，简单地说，信息是经过加工的数据，或者是数据处理的结果，泛指人类社会传播的一切内容，如音讯、消息、通信系统传输和处理的对象等。而信息技术则是一门综合的技术，人们对信息技术的定义，因其使用的目的、范围和层次的不同而有不同的表述。因此，信息技术主要是应用计算机科学和通信技术来设计、开发、安装和实施信息系统及应用软件的技术，包括传感技术、通信技术、计算机技术和缩微技术。

2. 信息化社会

信息化社会也称信息社会，是脱离工业化社会后，信息将起主导作用的社会。信息化社会是指以信息产业在国民经济中的比重、信息技术在传统产业中的应用程度和信息基础设施建设水平为主要标志的社会。

3. 信息安全

信息安全包括信息本身的安全和信息系统的安全，可以从数据安全、计算机安全、信息系统安全、法律保护4个方面理解信息安全和加强信息安全意识。

任务二 了解计算机中信息的表示和存储

（一）认识计算机中的数据及其单位

在计算机内存储和运算数据时，通常要涉及的数据单位为：位（bit）、字节（Byte）和字长。

（二）了解数制及其转换

数制是指用一组固定的符号和统一的规则来表示数值的方法，其中，按照进位方式记数的数制称为进位记数制。人们习惯用的进位记数制是十进制，而计算机中则使用二进制，除此以外，还包括八进制和十六进制等。二进制就是逢二进一的数字表示方法；依此类推，十进制就是逢十进一，八进制就是逢八进一。

1. 非十进制数转换为十进制数

将二进制、八进制和十六进制数转换为十进制数时，只需用该数制的各位数乘以各自位权数，然后将乘积相加。用按权展开的方法即可得到对应的十进制结果。

2. 十进制数转换成其他进制数

将十进制数转换成二进制数、八进制数和十六进制数时，可将数字分成整数和小数分别转换，然后再拼接起来。

3. 二进制数转换成八进制、十六进制数

二进制数转换成八进制数所采用的转换原则是"3位分一组"，以小数点为界，整数部分从右向左每3位为一组，若最后一组不足3位时，则在最高位前面添0补足3位，然后将每组中的二进制数按权相加得到对应的八进制数；小数部分从左向右每3位分为一组，最后一组不足3位时，尾部用0补足3位，然后按照顺序写出每组二进制数对应的八进制数。二进制数转换成十六进制所采用的转换原则是"4位分一组"，即以小数点为界，整数部分从右向左，小数部分从左向右，每4位一组，不足4为用0补齐。

4．八进制、十六进制数转换成二进制数

八进制数转换成二进制数的转换原则是"一分为三"，从八进制数的低位开始，将每一位上的八进制数写成对应的 3 位二进制数即可。如有小数部分，则从小数点开始，分别向左右两边按上述方法进行转换。十六进制数转换成二进制数的转换原则而是"一分为四"，即把每一位上的十六进制数写成对应的 4 位的二进制数。

（三）认识二进制数的运算

1．二进制的算术运算

二进制的算术运算也就是通常所说的四则运算，包括加、减、乘、除。

2．二进制的逻辑运算

计算机所采用的二进制数 1 和 0 可以代表逻辑运算中的"真"与"假"、"是"与"否"和"有"与"无"。二进制的逻辑运算包括"与""或""非"和"异或"4 种。

（四）了解计算机中字符的编码规则

1．西文字符的编码

在计算机中对字符进行编码，通常采用 ASCII 码和 Unicode 编码两种。

2．汉字的编码

汉字的编码方式主要有输入码、区位码、国标码和机内码 4 种。

任务三　认识多媒体技术

（一）认识媒体与多媒体技术

媒体（medium）主要有两层含义。一是指存储信息的实体（也称媒质），如磁盘、光盘、磁带和半导体存储器等；二是指传递信息的载体（也称媒介），如文本、声音、图形、图像、视频、音频和动画等。多媒体技术（multimedia）不仅是指文本、声音、图形、图像、视频、音频和动画这些媒体信息本身，还包含处理和应用这些媒体元素的一整套技术。

（二）了解多媒体技术的特点

多媒体技术具有多样性、集成性、交互性、实时性、协同性 5 种关键特性。

（三）认识多媒体设备和软件

1．多媒体计算机的硬件

多媒体计算机主要包括音频卡、视频卡和各种外设 3 种硬件项目。

2．多媒体计算机的软件

多媒体计算机的软件根据功能可分为多媒体操作系统、媒体处理系统工具和用户应用软件 3 种。

（四）了解常用媒体文件格式

1．音频文件格式

在多媒体系统中,语音和音乐是必不可少的,存储声音信息的文件格式有多种,包括 WAV、MIDI、MP3、RM、Audio 和 VOC 等。

2．图像文件格式

图像包括静态图像和动态图像。其中，静态图像可分为矢量图形和位图图像两种，动态图像又分为视频和动画。常见的静态图像文件格式包括 BMP、GIF、TIFF、JPEG、PNG、WMF 等。

3．视频文件格式

视频文件一般比其他媒体文件要大一些，常见的视频文件格式包括 AVI、MOV、MPEG、ASF、WNV 等。

实验二　计算机系统的认识

任务一　认识计算机的硬件系统

（一）认识计算机的基本结构

冯·诺依曼体系结构的计算机主要由运算器、控制器、存储器、输入和输出设备 5 个部分组成。

（二）了解计算机的工作原理

据冯·诺依曼体系结构，计算机内部应采用二进制的形式来表示和存储指令及数据。要让计算机工作，就必须先把程序编写出来，然后将编写好的程序和原始数据存入存储器中，接下来，计算机在不需要人员干预的情况下，自动逐条取出并执行指令。因此，计算机只能执行指令并被指令所控制。

（三）认识微型计算机的硬件组成

计算机硬件是指计算机中看得见、摸得着的实体设备，从微机外观上看，主要由主机、显示器、鼠标和键盘等部分组成。其中主机背面有许多插孔和接口，用于接通电源和连接键盘和鼠标等外设，而主机箱内包括微处理器（CPU）、主板、总线、内存、外存和输入设备等硬件。

● 微处理器：微处理器是由一片或少数几片大规模集成电路组成的中央处理器，CPU（central processing unit）是中央处理器的英文缩写，它既是计算机的指令中枢，也是系统的最高执行单位。

● 主板：主板（mainborad）也称为"mother board（母板）"或"system board（系统板）"，它是机箱中最重要的一块电路板。主板上布满了各种电子元器件、插座、插槽和各种外部接口，它可以为计算机的所有部件提供插槽和接口，并通过其中的线路统一协调所有部件的工作。

● 总线：总线（bus）是计算机中各种功能部件之间传送信息的公共通信干线，主机的各个部件通过总线相连接，外部设备通过相应的接口电路与总线相连接，从而形成了计算机硬件系统。总线被形象地比喻为"高速公路"。

● 内存：计算机中的存储器包括内存储器和外存储器两种，其中，内存储器也称为主存储器，简称内存。

● 外存：外存储器简称外存，是指除计算机内存及 CPU 缓存以外的储存器。此类存储器在断电后仍然能保存数据。常见的外存储器有硬盘、光盘和可移动存储器（如 U 盘等）。

- 输入设备：输入设备是向计算机输入数据和信息的设备。键盘、鼠标、摄像头、扫描仪、光笔、手写输入板、游戏杆和语音输入装置等都属于输入设备。

- 输出设备：输出设备是计算机硬件系统的终端设备，用于将各种计算结果数据或信息转换成用户能够识别的数字、字符、图像和声音等形式。常见的输出设备有显示器、打印机、绘图仪、影像输出系统、语音输出系统和磁记录设备等。

任务二　认识计算机的软件系统

（一）了解计算机软件的定义

计算机软件也称软件，指计算机系统中的程序及其文档。计算机软件总体分为系统软件和应用软件两大类。

（二）认识系统软件

系统软件主要分为操作系统、语言处理程序、数据库管理系统和系统辅助处理程序等。

（三）认识应用软件

应用软件是指一些具有特定功能的软件，是为解决各种实际问题而编制的程序，包括各种程序设计语言，以及用各种程序设计语言编制的应用程序。

任务三　使用鼠标和键盘

（一）鼠标的基本操作

1. 手握鼠标的方法

手握鼠标的正确方法是：食指和中指自然放置在鼠标的左键和右键上，拇指横向放于鼠标左侧，无名指和小指放在鼠标的右侧，拇指与无名指及小指轻轻握住鼠标，手掌心轻轻贴住鼠标后部，手腕自然垂放在桌面上，其中食指控制鼠标左键，中指控制鼠标右键和滚轮。

2. 鼠标的 5 种基本操作

鼠标的基本操作包括移动定位、单击、拖动、右键单击和双击 5 种。

（二）键盘的使用

1. 认识键盘的结构

键盘按照各键功能的不同可以分成功能键区、主键盘区、编辑键区、小键盘区和状态指示灯 5 个部分。

2. 键盘的操作与指法练习

正确的打字姿势为：身体坐正，双手自然放在键盘上，腰部挺直，上身微前倾；双脚的脚尖和脚跟自然地放在地面上，大腿自然平直；坐椅高度与计算机键盘、显示器放置高度适中，一般以双手自然垂放在键盘上时肘关节略高于手腕为宜，显示器的高度则以操作者坐下后，其目光水平线处于屏幕上的 2/3 处为优。准备打字时，左手食指放在【F】键上，右手食指放在【J】键上，其他的手指（除拇指外）按顺序分别放置在相邻的"【A】、【S】、【D】、【F】和【J】、【K】、【L】、【;】"两组 8 个基准键位上。

项目二
Windows 7 操作系统

实验一　桌面及窗口环境

任务一　了解 Windows 7 操作系统

（一）了解操作系统的概念、功能与种类

1. 操作系统的概念

操作系统（operating system，OS）是一种系统软件，它管理计算机系统的硬件与软件资源，控制程序的运行，改善人机操作界面，为其他应用软件提供支持等，从而使计算机系统的所有资源最大限度地得到发挥应用，并为用户提供方便、有效、友善的服务界面。

2. 操作系统的功能

操作系统包括 6 个方面的管理功能，分别是：进程与处理机管理、存储管理、设备管理、文件管理、网络管理、提供良好的用户界面。

3. 操作系统的分类

● 从用户角度分类，操作系统可分为单用户、单任务（如 DOS 操作系统），单用户、多任务（如 Windows 9x 操作系统），多用户、多任务（如 Windows 7 操作系统）3 种。

● 从硬件规模角度分类，操作系统可分为微型机操作系统、中小型机操作系统和大型机操作系统 3 种。

● 从系统操作方式的角度分类，操作系统可分为批处理操作系统、分时操作系统、实时操作系统、PC 操作系统、网络操作系统和分布式操作系统 6 种。

（二）了解 Windows 操作系统的发展史

微软公司 1985 年推出 Windows 操作系统，其版本从最初运行在 DOS 下的 Windows 3.0，到现在风靡全球的 Windows XP、Windows 7、Windows 8 和 Windows 10。

（三）启动与退出 Windows 7

1. 启动 Windows 7

开启计算机主机箱和显示器的电源开关，Windows 将载入内存，检测主板和内存，从而进入 Windows 欢迎界面，再进入系统桌面。

2．认识 Windows 7 桌面

Windows 7 的桌面是由桌面图标、鼠标指针、任务栏和语言栏 4 个部分组成的。

3．退出 Windows 7

（1）保存文件或数据，然后关闭所有打开的应用程序。

（2）单击"开始"按钮，在打开的"开始"菜单中单击"关机"按钮 关机。

（3）关闭显示器的电源。

任务二　操作窗口、对话框与"开始"菜单

（一）Windows 7 窗口

双击桌面上的"计算机"图标，即可打开和查看"计算机"窗口，如图 1-2-1 所示。

图 1-2-1

（二）Windows 7 对话框

对话框实际上是一种特殊的窗口，Windows 7 对话框中各组成元素的名称分别是选项卡、下拉列表框、命令按钮、数值框、复选框、单选项、文本框、滑块和参数栏。

（三）"开始"菜单

单击桌面左下角的"开始"按钮，即可打开和查看"开始"菜单。几乎所有的应用都可在"开始"菜单中执行。

（四）管理窗口

1．打开窗口及窗口中的对象

（1）双击桌面上的"计算机"图标，或在"计算机"图标上单击鼠标右键，在弹出的快捷菜单中选择"打开"命令，打开"计算机"窗口。

（2）双击"计算机"窗口中的"本地磁盘（C：）"图标，或选择"本地磁盘（C：）"图标按【Enter】键，打开本地磁盘（C：）窗口。

（3）双击"本地磁盘（C：）"窗口中的"Windows 文件夹"图标，即可进入 Windows 目录查看。

（4）单击地址栏左侧的"返回"按钮 ，将返回上一级"本地磁盘（C：）"窗口。

2．最大化或最小化窗口

（1）打开"计算机"窗口，再依次双击打开"本地磁盘（C：）"下的 Windows 目录。

（2）单击窗口标题栏右侧的"最大化"按钮 ，此时窗口将铺满整个显示屏幕，同时"最大化"按钮 将变成"还原"按钮 ，单击"还原"按钮 即可将最大化窗口还原成原始大小。

（3）单击窗口右上角的"最小化"按钮 ，此时该窗口将隐藏显示，并在任务栏的程序区域中显示一个 按钮，单击该按钮，窗口将还原到屏幕显示状态。

3．移动和调整窗口大小

（1）打开"计算机"窗口，再打开"本地磁盘（C：）"下的 Windows 目录窗口。

（2）在窗口标题栏上按住鼠标不放，拖动到目标位置后释放鼠标即可移动窗口位置。当窗口向屏幕最上方拖动到顶部时，窗口会最大化显示；向屏幕最左侧拖动时，窗口会半屏显示在桌面左侧；向屏幕最右侧拖动时，窗口会半屏显示在桌面右侧。

（3）将鼠标指针移至窗口的外边框上，当指针变为↔或↕形状时，按住鼠标不放拖动到窗口变为需要的大小时释放鼠标即可调整窗口大小。

（4）将鼠标指针移至窗口的 4 个角上，当鼠标指针变为 或 形状时，按住鼠标不放拖动到需要的大小时释放鼠标，可使窗口按比例缩放。

4．排列窗口

（1）在任务栏空白处单击鼠标右键，在弹出的快捷菜单中选择"层叠窗口"命令，即可以层叠的方式排列窗口。

（2）层叠窗口后拖动某一个窗口的标题栏可以将该窗口拖至其他位置，并切换为当前窗口。

（3）在任务栏空白处单击鼠标右键，在弹出的快捷菜单中选择"撤销层叠"命令，即可恢复至原来的显示状态。

5．切换窗口

● 通过任务栏中的按钮切换。将鼠标指针移至任务左侧按钮区中的某个任务按钮上，此时将展开所有打开的该类型文件的缩略图，单击某个缩略图即可切换到该窗口，在切换时其他同时打开的窗口将自动变为透明效果。

● 按【Alt+Tab】组合键切换。按【Alt+Tab】组合键后，屏幕上将出现任务切换挡，系统当前打开的窗口都以缩略图的形式在任务切换挡中排列出来，此时按住【Alt】键不放，再反复按【Tab】键，将显示一个蓝色方框，并在所有图标之间轮流切换，当方框移动到需要的窗口图标上释放【Alt】键，即可切换到该窗口。

● 按【Win+Tab】组合键切换。按【Win+Tab】组合键后，按住【Win】键不放，再反复按【Tab】键可利用 Windows 7 特有的 3D 切换界面切换打开的窗口。

6．关闭窗口

● 单击窗口标题栏右上角的 按钮。

● 在窗口的标题栏上单击鼠标右键，在弹出的快捷菜单中选择"关闭"命令。

● 将鼠标指针指向某个任务缩略图后单击右上角的 按钮。

● 将鼠标指针移动到任务栏中需要关闭窗口的任务按钮上，单击鼠标右键，在弹出的快捷菜单中选择"关闭窗口"命令或"关闭所有窗口"命令。

（五）利用"开始"菜单启动程序

（1）单击"开始"按钮，打开"开始"菜单，此时可以先在"开始"菜单左侧的高频使用区查看是否有"腾讯 QQ"程序选项，如果有则单击该程序项启动。

（2）如果高频使用区中没有要启动的程序，则选择"所有程序"选项，在显示的列表中依次单击展开程序所在文件夹，再单击"腾讯 QQ"程序项启动程序。

任务三 定制 Windows 7 工作环境

（一）创建快捷方式的几种方法

1．桌面快捷方式

● 在"开始"菜单中找到程序启动项的位置，单击鼠标右键，在弹出的快捷菜单中选择"发送到"子菜单下的"桌面快捷方式"命令。

● 在"计算机"窗口中找到文件或文件夹后，单击鼠标右键，在弹出的快捷菜单中选择"发送到"子菜单下的"桌面快捷方式"命令。

● 在桌面空白区域或打开"计算机"窗口中的目标位置，单击鼠标右键，在弹出的快捷菜单中选择"新建"子菜单下的"快捷方式"命令，打开"创建快捷方式"对话框，单击 浏览(R)... 按钮，选择要创建快捷方式的程序文件，然后单击 下一步(N) 按钮，输入快捷方式的名称，单击 完成(F) 按钮，完成创建。

2．将常用程序锁定到任务栏

● 在桌面上或"开始"菜单中的程序启动快捷方式上单击鼠标右键，在弹出的快捷菜单中选择"锁定到任务栏"命令，或直接将快捷方式拖至任务栏左侧的程序区中。

● 如果要将已打开的程序锁定到任务栏，可以用鼠标右键单击任务栏中的程序图标，在弹出的快捷菜单中选择"将此程序锁定到任务栏"命令即可。

（二）"个性化"设置

在桌面上的空白区域单击鼠标右键，在弹出的快捷菜单中选择"个性化"命令，打开"个性化"窗口，如图 1-2-2 所示。

图 1-2-2

1．添加和更改桌面系统图标

（1）在桌面上单击鼠标右键，在弹出的快捷菜单中选择"个性化"命令，打开"个性化"窗口。

（2）单击"更改桌面图标"超链接，在打开的"桌面图标设置"对话框中的"桌面图标"栏中选中要在桌面上显示的系统图标复选框，若撤销选中则表示取消显示。

（3）在中间列表框中选中"计算机"图标，单击 更改图标(H)... 按钮，在打开的"更改图标"对话框中选择图标样式。依次单击 确定 按钮，应用设置。

2．创建桌面快捷方式

（1）单击"开始"按钮 ⊙，打开"开始"菜单，在"搜索程序和文件"文本框中输入程序名。

（2）在搜索结果中的程序上单击鼠标右键，在弹出的快捷菜单中选择"发送到"子菜单下的"桌面快捷方式"命令，即可创建该程序的桌面快捷方式。

3．添加桌面小工具

（1）在桌面上单击鼠标右键，在弹出的快捷菜单中选择"小工具"命令，打开"小工具库"对话框。

（2）在其列表框中选择需要在桌面显示的小工具程序，显示桌面小工具后，使用鼠标拖动小工具到所需的位置，将鼠标放到工具上，其右侧将会出现一个控制框，通过单击控制框中相应的按钮可以设置或关闭小工具。

4．应用主题并设置桌面背景

（1）在"个性化"窗口中的"Aero 主题"列表框中应用主题，此时背景和窗口颜色将发生变化。

（2）在"个性化"窗口下方单击"桌面背景"超链接，打开"桌面背景"窗口，单击"图片位置"下方的下拉按钮 ▾，在弹出的下拉列表中选择图片的应用方式。

（3）单击"更改图片时间间隔"下方的下拉按钮 ▾，在弹出的下拉列表中选择图片切换时间。若单击选中"无序播放"复选框，将按设置的间隔随机切换。

（4）单击 保存修改 按钮，应用设置，并返回"个性化"窗口。

5．设置屏幕保护程序

（1）在"个性化"窗口中单击"屏幕保护程序"超级链接，打开"屏幕保护程序设置"对话框。

（2）在"屏幕保护程序"下拉列表框中选择一个程序选项，在"等待"数值框中输入屏幕保护等待的时间。依次单击 应用(A) 和 确定 按钮，关闭对话框。

6．自定义任务栏和"开始"菜单

（1）在"个性化"窗口中单击"任务栏和「开始」菜单"超链接，或在任务栏的空白区域单击鼠标右键，在弹出的快捷菜单中选择"属性"命令，打开"任务栏和「开始」菜单"对话框。

（2）单击"任务栏"选项卡，自定义任务栏。

（3）单击"「开始」菜单"选项卡，自定义「开始」菜单。

（4）单击 自定义(C)... 按钮，打开"自定义「开始」菜单"对话框，可进一步进行自定义设置。

（5）依次单击 确定 按钮，应用设置。

7．设置 Windows 7 用户账户

（1）在"个性化"窗口中单击"更改账户图片"超链接，打开"更改图片"窗口，选择

图片并单击 更改图片 按钮。

（2）在返回的"个性化"窗口中单击"控制面板主页"超链接，打开"控制面板"窗口，单击"添加或删除用户账户"超链接。

（3）在打开的"管理账户"窗口中对用户账户进行创建和设置。

任务四 设置汉字输入法

（一）汉字输入法的分类

汉字输入法是指输入汉字的方式，常用的汉字输入法有微软拼音输入法、搜狗拼音输入法和五笔字型输入法等。这些输入法按编码的不同可以分为音码、形码和音形码 3 类。

（二）认识语言栏

在 Windows 7 操作系统中，输入法统一由语言栏 进行管理。

（三）认识汉字输入法的状态条

汉字输入法的状态条如图 1-2-3 所示。

图 1-2-3

（四）拼音输入法的输入方式

使用拼音输入法时，直接输入汉字的拼音编码，然后输入汉字前的数字或直接用鼠标单击需要的汉字即可输入。当输入的汉字编码的重码字较多时，可通过按【＋】键向后翻页，按【－】键向前翻页，再选择需要输入的汉字。目前输入法的种类很多，各种拼音输入法都提供了全拼输入、简拼输入和混拼输入等多种输入方式。

（五）添加和删除输入法

（1）在语言栏中的 按钮上单击鼠标右键，在弹出的快捷菜单中选择"设置"命令，打开"文本服务和输入语言"对话框。

（2）单击 添加(D)... 按钮，打开"添加输入语言"对话框，在"使用下面的复选框选择要添加的语言"列表框中选择"中文（简体，中国）"单击"键盘"选项前的 按钮，在展开的子列表中选择或取消选择相应输入法。

（3）单击 确定 按钮，返回"文本服务和输入语言"对话框，在"已安装的服务"列表框中将显示已添加的输入法，单击 确定 按钮完成添加。

（六）设置输入法切换快捷键

（1）在语言栏中的 按钮上单击鼠标右键，在弹出的快捷菜单中选择"设置"命令，打开"文本服务和输入语言"对话框。

（2）单击"高级键设置"选项卡，在列表框中选择要设置切换快捷键的输入法选项，然后单击下方的 更改按键顺序(C)... 按钮。

（3）打开"更改按键顺序"对话框，单击选中"启用按键顺序"复选框，然后在下方的列表框中选择所需的快捷键，并依次单击 确定 按钮，应用设置。

（七）安装与卸载字体

（1）在需安装的字体文件上单击鼠标右键，在弹出的快捷菜单中选择"安装"命令，打开"正在安装字体"提示对话框，安装完成后将自动关闭该提示对话框，同时结束字体的安装。

（2）打开"计算机"窗口，双击打开"C:"盘，再依次双击打开 Windows 文件夹和 Fonts 子文件夹，在打开的 Fonts 文件夹窗口中选择不需要使用的字体文件后，单击鼠标右键，在弹出的快捷菜单中选择"删除"命令，即可卸载该字体。

（八）使用微软拼音输入法输入汉字

（1）在桌面上的空白区域单击鼠标右键，在弹出的快捷菜单中选择【新建】/【文本文件】命令，在桌面上新建一个名为"新建文本文档.txt"的文件，且文件名呈可编辑状态。

（2）单击语言栏中的"输入法"按钮，选择所需输入法，然后输入编码"beiwanglu"，此时在汉字状态条中将显示出"备忘录"文本。

（3）单击状态条中的"备忘录"或直接按【空格】键输入文本，再次按【Enter】键完成输入。

（4）双击桌面上新建的"备忘录"文件，启动记事本程序，在编辑区中单击，将出现一个插入点，按数字键【3】输入数字"3"，切换至所需输入法，输入编码"yue"，单击状态条中的"月"或按【空格】键输入文本"月"。

（5）继续输入数字"15"，并输入编码"ri"，按【空格】键输入"日"字，再输入简拼编码"shwu"，单击或按【空格】键输入词"上午"。

（6）连续按多次空格键，输入几个空字符串，接着继续使用微软拼音输入法输入后面的文字内容，输入过程中按【Enter】键可分段换行。

（7）在"资料"文本右侧单击定位插入点，单击微软拼音输入法状态条上的图标，在打开的下拉列表中选择"特殊符号"选项，再在打开的软键盘中单击选择特殊符号。

（8）单击软键盘右上角的✕按钮关闭软键盘，在记事本程序中选择"文件"菜单下的"保存"命令，保存文档内容。

实验二 管理计算机中的资源

任务一 管理文件和文件夹资源

（一）文件管理的相关概念

在管理文件的过程中，涉及的相关概念主要包括硬盘分区与盘符、文件、文件夹、文件路径和资源管理器。

（二）选择文件的几种方式

选择文件的方法主要包括选择单个文件或文件夹，选择多个相邻的文件和文件夹，选择多个连续的文件和文件夹，选择多个不连续的文件和文件夹，以及选择所有文件和文件夹。

（三）文件和文件夹基本操作

1．新建文件和文件夹

（1）双击桌面上的"计算机"图标，打开资源管理器窗口，双击 G 磁盘图标，打开"G:\"目录窗口。

（2）选择【文件】/【新建】/【文本文档】命令，或在窗口的空白处单击鼠标右键，在弹出的快捷菜单中选择【新建】/【文本文档】命令。系统将在文件夹中新建一个名为"新建文本文档"的文件，且该文件名呈可编辑状态，切换到汉字输入法中，输入"公司简介"，单击空白处或按【Enter】键，新建文档。

（3）选择【文件】/【新建】/【新建 Microsoft Office Excel 2007 Workbook】命令，或在窗口的空白处单击鼠标右键，在弹出的快捷菜单中选择【新建】/【新建 Microsoft Office Excel 2007 Workbook】命令，此时将新建一个 Excel 文档，且文件夹名称呈可编辑状态，输入文件名"公司员工名单"，按【Enter】键，新建工作簿。

（4）双击新建的"办公"文件夹，在打开的目录窗口中单击工具栏中的 新建文件夹 按钮，输入子文件夹名称"表格"后按【Enter】键，新建文件夹。

2．移动、复制、重命名文件和文件夹

（1）在资源管理器窗口左侧的导航窗格中单击展开"计算机"图标，单击选中"本地磁盘（G:）"图标。

（2）在右侧空口中选择文件后单击鼠标右键，在弹出的快捷菜单中选择"剪切"命令，或选择【编辑】/【剪切】命令（可直接按【Ctrl+X】组合键），将选择的文件剪切到剪贴板中，此时选择的文件呈灰色透明显示效果。

（3）在导航窗格中单击展开目标文件夹，单击鼠标右键，在弹出的快捷菜单中选择"粘贴"命令，或选择【编辑】/【粘贴】命令（可直接按【Ctrl+V】组合键）即可将剪切到剪贴板中的文件粘贴到目标窗口中，完成文件夹的移动。

（4）选择文件后单击鼠标右键，在弹出的快捷菜单中选择"复制"命令，或选择【编辑】/【复制】命令（可直接按【Ctrl+C】组合键），将选择的文件复制到剪贴板中。

（5）在导航窗格中选中目标文件夹后，单击鼠标右键，在弹出的快捷菜单中选择"粘贴"命令，或选择【编辑】/【粘贴】命令（可直接按【Ctrl+V】组合键），即可将剪贴板中的文件粘贴到该窗口中，完成文件夹的复制。

（6）选择文件，单击鼠标右键，在弹出的快捷菜单中选择"重命名"命令，此时要重命名的文件名称部分呈可编辑状态，在其中输入新的名称后按【Enter】键，可重命名文件。

3．删除和还原文件和文件夹

（1）在资源管理器窗口左侧的导航窗格中选择"本地磁盘（G:）"选项，然后在右侧窗口中选择需删除的文件。

（2）在该文件上单击鼠标右键，在弹出的快捷菜单中选择"删除"命令或按【Delete】键，此时系统会打开提示对话框，提示用户是否确定要把该文件放入回收站。

（3）单击 是(Y) 按钮，即可删除选择的"公司简介.txt"文件。

（4）单击任务栏最右侧的"显示桌面"按钮，切换至桌面，双击"回收站"图标，在打开的窗口中将看到最近删除的文件和文件夹等对象，在要还原的"公司简介.txt"文件上单击鼠标右键，在弹出的快捷菜单中选择"还原"命令，这样即可将其还原到被删除前的位置。

4．搜索文件或文件夹

（1）在资源管理器窗口中打开需要搜索的位置，如需在所有磁盘中查找，则打开"计算机"窗口，如需在某个磁盘分区或文件夹中查找，则可打开具体的磁盘分区或文件夹窗口。

（2）在窗口地址栏后面的搜索框中输入要搜索的文件信息，Windows 会自动在搜索范围内搜索所有符合的对象，并在文件显示区中显示搜索结果。

（3）根据需要，可以在"添加搜索筛选器"中选择"修改日期"或"大小"选项来设置搜索条件，以缩小搜索范围。

（四）设置文件和文件夹属性

（1）在需设置的文件上单击鼠标右键，在弹出的快捷菜单中选择"属性"命令，打开文件夹"属性"对话框。

（2）在"常规"选项卡下的"属性"栏中单击选中"只读"复选框。

（3）单击 应用(A) 按钮，再单击 确定 按钮，完成文件属性设置。如果是修改文件夹的属性，可在应用设置后，打开"确认属性更改"对话框，根据需要选择对应应用方式后，单击 确定 按钮，即可设置相应的文件夹属性。

（五）使用库

（1）打开"计算机"窗口，在导航窗格中单击"库"图标，打开"库"文件夹，此时在右侧窗口中将显示所有库文件夹，双击各个库文件夹便可打开进行查看。单击工具栏中的 新建库 按钮或选择【文件】/【新建】/【库】命令，如输入库的名称为"办公"，然后按【Enter】键，即可新建一个库。

（2）在导航窗格中展开"计算机"图标，再依次选择"G:\办公"文件夹，在其中选择要添加到库中的文件夹，然后选择【文件】/【包含到库中】/【办公】命令，即可将选择的文件夹中的文件添加到前面新建的"办公"库文件夹中，以后就可以通过"办公"库来查看文件了。使用相同的方法还可将计算机中其他位置的文件分别添加到库文件夹中。

任务二　管理程序和硬件资源

（一）认识控制面板

在"计算机"窗口中的工具栏中单击 打开控制面板 按钮或选择【开始】/【控制面板】命令即可打开"控制面板"窗口，其默认以"类别"方式显示。

（二）计算机软件的安装事项

计算机软件的获取途径主要包括 3 种，分别是从软件销售处购买安装光盘、从网上下载安装程序、购买软件书时赠送。

做好软件的安装准备工作后，即可开始安装软件。

（三）计算机硬件的安装事项

硬件设备通常可分为即插即用型和非即插即用型两种。将可以直接连接到计算机中使用的硬件设备称为即插即用型硬件，如 U 盘和移动硬盘等可移动存储设备。将连接到计算机后，需要用户自行安装驱动程序的电脑硬件设备称为非即插即用型，如打印机、扫描仪和摄像头等。

（四）安装和卸载应用程序

（1）将安装光盘放入光驱中，当光盘成功被读取后进入到光盘中，找到并双击 setup.exe 文件。

（2）打开"输入您的产品密匙"对话框，在光盘的包装盒中找到由 25 位字符组成的产品密匙（产品密匙也称安装序列号，免费或试用软件不需要输入），将密匙输入到文本框中，单击 继续(C) 按钮。

（3）打开"许可条款"对话框，认真阅读其中的内容条款，单击选中"我接受此协议的条款"复选框，单击 继续(C) 按钮。

（4）打开"选择所需的安装"对话框，单击 自定义(U) 按钮。若单击 立即安装(I) 按钮，可以按默认设置快速安装软件。

（5）在打开的"安装向导"对话框中单击"安装选项"选项卡，在其中可以选择需要的安装组件，其方法是单击任意组件名称前的 ▾ 按钮，在打开的下拉列表中便可以选择是否要安装此组件。

（6）单击"文件位置"选项卡，单击 浏览(B)... 按钮，在打开的"浏览文件夹"对话框中选择安装 Office 2010 的目标位置，选择完成后单击 确定 按钮。

（7）返回对话框，单击"用户信息"选项卡，在文本框中输入用户名和公司名称等信息，最后单击 立即安装(I) 按钮进入到"安装进度"界面中，等待数分钟后便会提示已安装完成。

（8）打开"控制面板"窗口，在分类视图下单击"程序"超链接，在打开的"程序"窗口中单击"程序和功能"超链接，在打开的窗口的"卸载或更改程序"列表框中即可查看当前计算机中已安装的所有程序。

（9）在列表中选择要卸载的程序选项，然后单击工具栏中的 卸载 按钮，将打开确认是否卸载程序的提示对话框，单击 是(Y) 按钮即可确认并开始卸载程序。

（五）打开和关闭 Windows 功能

（1）选择【开始】/【控制面板】命令，打开"控制面板"窗口，在分类视图下单击"程序"超链接，在打开的"程序"窗口中单击"打开或关闭 Windows 功能"超链接。

（2）系统检测 Windows 功能后，打开"Windows 功能"窗口，在该窗口的列表框中显示了所有的 Windows 功能选项，如复选框显示为 ▦，表示该功能中的某些子功能被打开；如复选框显示为 ☑，则表示该功能中的所有子功能都被打开。

（3）单击某个功能选项前的 ⊞ 标记，可展开列表，显示出该功能中的所有子功能选项，如展开"游戏"功能选项，撤销选中"纸牌"复选框，则可关闭该系统功能。

（4）单击 确定 按钮，系统将打开提示对话框显示该项功能的配置进度，完成后系统将自动关闭该对话框以及"Windows 功能"窗口。

（六）安装打印机硬件驱动程序

（1）参见打印机的使用说明书，将数据线的一端插入到机箱后面相应的插口中，再将另一端与打印机接口连接，然后接通打印机电源。选择【开始】/【控制面板】命令，打开"控制面板"窗口，单击"硬件和声音"下的"查看设备和打印机"超链接，打开"设备和打印机"窗口，在其中单击 添加打印机 按钮。

（2）在打开的"添加打印机"对话框中选择"添加本地打印机"选项。

（3）在打开的"选择打印机端口"对话框中单击选中"使用现有的端口"单选项，在其后面的下拉列表框中选择打印机连接的端口（一般使用默认端口设置），然后单击 下一步(N) 按钮。

（4）在打开"安装打印机驱动程序"对话框的"厂商"列表框中选择打印机的生产厂商，在"打印机"列表框中选择安装打印机的型号，单击 下一步(N) 按钮。

（5）打开"键入打印机名称"对话框，在"打印机名称"文本框中输入名称，使用默认名称，单击 下一步(N) 按钮。

（6）系统开始安装驱动程序，安装完成后将打开"打印机共享"对话框，如果不需要共享打印机则单击选中"不共享这台打印机"单选项，完成后单击 下一步(N) 按钮。

（7）在打开的对话框中单击选中"设置为默认打印机"复选框可设置其为默认打印机，单击 完成(F) 按钮完成打印机的添加。

（七）设置鼠标和键盘

1．设置鼠标

（1）选择【开始】/【控制面板】命令，打开"控制面板"窗口，单击"硬件和声音"类别超链接，在打开的窗口中单击"鼠标"超链接。

（2）在打开的"鼠标 属性"对话框中单击"鼠标键"选项卡，在"双击速度"栏中拖动"速度"滑动条中的滑动块可以调节双击速度。

（3）单击"指针"选项卡，然后单击"方案"栏中的下拉按钮 ，在其下拉列表中选择鼠标样式方案，这里选择"Windows 黑色（系统方案）"选项。

（4）单击 应用(A) 按钮，此时鼠标指针样式变为设置后的样式。如果要自定义鼠标在某状态下的指针样式，则可在"自定义"列表框中选择需单独更改样式的鼠标选项，然后单击 浏览(B)... 按钮。

（5）单击"指针选项"选项卡，在"移动"栏中拖动滑动块可以调整鼠标指针的移动速度，单击选中"显示指针轨迹"复选框，移动鼠标指针时会产生"移动轨迹"效果。

（6）单击 确定 按钮，完成对鼠标的设置。

2．设置键盘

（1）选择【开始】/【控制面板】命令，打开"控制面板"窗口，在窗口右上角的"查看方式"下拉列表框中选择"小图标"选项，切换至"小图标"视图模式。

（2）单击"键盘"超链接，打开 "键盘 属性"对话框，单击"速度"选项卡，向右拖动"字符重复"栏中的"重复延迟"滑块，降低键盘重复输入一个字符的延迟时间，如向左拖动，则增加延迟时间；向右拖动"重复速率"滑块，可改变重复输入字符的速度。

（3）在"光标闪烁速度"栏中拖动滑块改变在文本编辑软件（如记事本）中文本插入点在编辑位置的闪烁速度，如向左拖动滑块设置为中等速度。单击 确定 按钮，完成设置。

（八）使用附件程序

1．使用 Windows Media Player

● 在工具栏上单击鼠标右键，在弹出的快捷菜单中选择【文件】/【打开】命令或按【Ctrl+O】组合键，在打开的"打开"对话框中选择需要播放的音乐或视频文件，然后单击 打开(O) ▼ 按钮。

● 在窗口工具栏中单击鼠标右键，在弹出的快捷菜单中选择【视图】/【外观】命令，将播放器切换到"外观" 模式，然后选择【文件】/【打开】命令播放媒体文件。

● 将光盘放入光驱中，然后在 Windows Media Player 窗口的工具栏上单击鼠标右键，在弹出的快捷菜单中选择【播放】/【播放/DVD、VCD 或 CD 音频】命令，播放光盘中的多媒体文件。

● 单击工具栏中的 创建播放列表(C) 按钮，在导航窗格的"播放列表"下将新建一个播放列表，输入播放列表名称后按【Enter】键确认创建，创建后单击导航窗格中的"音乐"选项，在显示区的"所有音乐"列表中拖动需要的音乐到新建的播放列表中，添加后双击该列表项即可播放列表中的音乐。

2．使用画图程序

选择【开始】/【所有程序】/【附件】/【画图】命令，启动画图程序。画图程序主要用于绘制图形，以及打开和编辑图像文件，分别介绍如下。

● 绘制图形：单击"形状"工具栏中的各个按钮，然后在"颜色"工具栏中单击选择一种颜色，移动鼠标光标到绘图区，按住鼠标左键不放拖动鼠标可绘制出相应形状的图形。单击"工具"工具栏中的"用颜色填充"按钮 ，在"颜色"工具栏中选择一种颜色，单击绘制的图形填充图形。

● 打开和编辑图像文件：启动画图程序后单击 ▼ 按钮，在打开的下拉列表中选择"打开"选项或按【Ctrl+O】组合键，在打开的"打开"对话框中找到并选择图像，单击 打开(O) 按钮打开图像。打开图像后单击"图像"工具栏中的 旋转 ▼ 按钮，在弹出的列表框中选择需旋转的方向和角度，可以旋转图形；单击"图像"工具栏中的选择按钮 选择 ，在弹出的列表框中选择"矩形选择"命令，在图像中按住鼠标左键不放并拖动鼠标可以选择局部图像区域，选择图像后按住鼠标左键不放进行拖动可以移动图像的位置，若单击"图像"工具栏中的 裁剪 按钮，将自动裁剪掉多余的部分，留下被选中部分图像。

3．使用计算器

选择【开始】/【所有程序】/【附件】/【计算器】命令，将启动标准型计算器，其使用方法与现实中计算器的使用方法基本相同。

实验一　Word 2010 基础操作

任务一　输入和编辑学习计划

（一）启动和退出 Word 2010

1. 启动 Word 2010

启动 Word 2010 的方法有 3 种，分别是：选择【开始】/【所有程序】/【Microsoft Office】/【Microsoft Word 2010】命令；双击桌面上的快捷方式图标⬚；在任务栏中的"快速启动区"单击 Word 2010 图标⬚。

2. 退出 Word 2010

退出 Word 2010 的方法有 4 种，分别是：选择【文件】/【退出】命令；单击 Word 2010 窗口右上角的"关闭"按钮⬚；按【Alt+F4】组合键；单击 Word 窗口左上角的控制菜单图标⬚，在打开的菜单中选择"关闭"命令。

（二）熟悉 Word 2010 工作界面

Word 2010 操作界面中主要组成部分包括标题栏、快速访问工具栏、"文件"菜单、功能选项卡、标尺、文档编辑区和状态栏。

（三）自定义 Word 2010 工作界面

1. 自定义快速访问工具栏

根据使用习惯和操作需要，用户可自定义快速访问工具栏、自定义功能区和视图模式等。

2. 自定义功能区

在 Word 2010 工作界面中可选择【文件】/【选项】菜单命令，在打开的"Word 选项"对话框中单击"自定义功能区"选项卡，然后在其中进行设置。

3．显示或隐藏文档中的元素

Word 的文本编辑区中包含多个元素，如标尺、网格线、导航窗格和滚动条等，编辑文本时可根据操作需要隐藏一些不需要的元素或将隐藏的元素显示出来。

（四）创建"学习计划"文档

选择【开始】/【所有程序】/【Microsoft Office】/【Microsoft Word 2010】命令，启动 Word 2010。选择【文件】/【新建】命令，在打开的面板中单击"空白文档"按钮，或在打开的任意文档中按【Ctrl+N】组合键即可创建文档。

（五）输入文档文本

将鼠标指针移至文档上方的中间位置，当鼠标指针变成I形状时双击鼠标，将光标插入点定位到此处，输入文档标题文本。将鼠标指针移至文档标题下方左侧需要输入文本的位置处，双击鼠标将光标插入点定位到此处，输入正文文本，按【Enter】键换行，使用相同的方法输入其他的文本。

（六）修改和编辑文本

1．复制文本

选择所需文本后，在【开始】/【剪贴板】组中单击"复制"按钮复制文本，定位到目标位置后，在【开始】/【剪贴板】组中单击"粘贴"按钮粘贴文本；选择所需文本后，在其上单击鼠标右键，在弹出的快捷菜单中选择"复制"命令，再将其定位到目标位置后单击鼠标右键，在弹出的快捷菜单中选择"粘贴"命令粘贴文本；选择所需文本后，按【Ctrl+C】组合键复制文本，定位到目标位置按【Ctrl+V】组合键粘贴文本；选择所需文本后，按住【Ctrl】键不放，将其拖动到目标位置即可。

2．移动文本

（1）选择需要移动的文本，在【开始】/【剪贴板】组中单击"剪切"按钮，或按【Ctrl+X】组合键。

（2）在需要插入文本的位置处双击定位插入点，在"剪贴板"组中单击"粘贴"按钮，或按【Ctrl+V】组合键。

（七）查找和替换文本

（1）定位到文档开始处，在【开始】/【编辑】组中单击替换按钮，或按【Ctrl+H】组合键。

（2）打开"查找和替换"对话框，分别在"查找内容"和"替换为"文本框中输入文本。

（3）单击查找下一处(F)按钮，即可看到文档中所有查找到的第一个文本呈选中状态显示。

（4）继续单击查找下一处(F)按钮，直至出现对话框提示已完成文档的搜索，单击确定按钮，返回"查找和替换"对话框，单击全部替换(A)按钮。

（八）撤销与恢复操作

（1）单击"快速访问栏"工具栏中的"撤销"按钮，或按【Ctrl+Z】组合键，即可撤销上一步操作。

（2）单击"恢复"按钮，或按【Ctrl+Y】组合键，便可以恢复到"撤销"操作前的文档效果。

（九）保存“学习计划”文档

选择【文件】/【保存】命令，打开“另存为”对话框。在该对话框左侧的列表框中选择文档的保存路径，在“文件名”文本框中设置文件的保存名称，完成后单击 保存(S) 按钮即可。

任务二　编辑招聘启事

（一）认识字符格式

字符和段落格式主要是通过“字体”和“段落”组，以及“字体”和“段落”对话框进行设置的。选择相应的字符或段落文本，然后在“字体”或“段落”中单击相应按钮，便可快速设置常用字符或段落格式。

（二）自定义编号起始值

选中应用了编号的段落后，单击鼠标右键，在打开的快捷快捷菜单中选择“设置编号”命令，即可在打开的对话框中输入新编号列表的起始值或选择继续编号。

（三）自定义项目符号样式

在【开始】/【段落】组中单击“项目符号”按钮 ≔ 右侧的下拉按钮 ，在打开的下拉列表中选择“定义新项目符号”选项，然后在打开的对话框中分别单击 符号(S)... 按钮和 图片(P)... 按钮，可分别设置一般项目符号或图片项目符号。

（四）打开文档

选择【文件】/【打开】命令，或按【Ctrl+O】组合键。在打开的“打开”对话框的“路径”列表框中选择文件路径，在中间的列表框中选择文件，完成后单击 打开(O) 按钮打开所选的文档。

（五）设置字体格式

1. 使用浮动工具栏设置

打开素材文档，选择标题文本，将鼠标光标移动到浮动工具栏上，在“字体”下拉列表框中选择所需字体选项。在“字号”下拉列表框中选择所需字号选项。

2. 使用“字体”组设置

选择除标题文本外的文本内容，在【开始】/【字体】组的“字号”下拉列表框中选择字号选项。在【开始】/【字体】组中单击“加粗”按钮 B、“下划线”按钮 U、“字体颜色”按钮 A，即可分别设置文本的加粗、下划线和文字颜色效果。

3. 使用“字体”对话框设置

选择标题文本，在“字体”组右下角单击“对话框启动器”图标 。在打开的“字体”对话框中单击“高级”选项卡，在其中可对字体样式进行详细设置。完成后单击 确定 按钮。

（六）设置段落格式

● 设置段落对齐方式：选择标题文本，在“段落”组中单击相应按钮，设置文本对齐方式。
● 设置段落缩进：选择文本，在“段落”组右下角单击 按钮。打开“段落”对话框，在"缩进和间距"选项卡的"特殊格式"下拉列表框中选择"首行缩进"选项，可在"磅值"数值框中设置磅值。

● 设置行间距和段间距：选择标题文本，在"段落"组右下角单击"对话框启动器"图标，打开"段落"对话框的"缩进和间距"选项卡，在其中可对"段前""段后"和"行距"等进行设置。

（七）设置项目符号和编号

● 设置项目符号：选择文本，在"段落"组中单击"项目符号"按钮☰右侧的下拉按钮▾，在打开的下拉菜单的"项目符号库"栏中选择项目符号样式，设置项目符号。

● 设置编号：选择文本，在"段落"组中单击"编号"按钮☰右侧的按钮▾，在打开的下拉菜单的"编号库"栏中选择编号样式，设置编号。

（八）设置边框与底纹

● 为字符设置边框与底纹：在"字体"组中单击"字符边框"按钮Ⓐ设置字符边框，在"字体"组中单击"字符底纹"按钮🅐设置字符底纹。

● 为段落设置边框与底纹：在"段落"组中单击"底纹"按钮◢右侧的下拉按钮▾，可设置不同颜色的底纹样式；单击"边框"按钮右侧的下拉按钮，在打开的下拉菜单中可设置不同类型的框线。若选择"边框与底纹"命令，可在打开的"边框与底纹"对话框中详细设置边框与底纹样式。

（九）保护文档

选择【文件】/【信息】命令，在窗口中间位置单击"保护文档"按钮🔒，在打开的下拉列表中选择相应选项。

任务三　编辑公司简介

（一）插入并编辑文本框

在【插入】/【文本】组中单击"文本框"按钮🖼，在打开的下拉列表中选择相应选项，在文本框中直接输入需要的文本内容即可。

（二）插入图片和剪贴画

在【插入】/【插图】组中单击"图片"按钮🖼，在打开的"插入图片"对话框中选择图片的路径，在中间的空白区域中选择要插入的图片，在图片上单击鼠标右键，在弹出的快捷菜单中可选择图片环绕方式，在【图片工具-格式】/【调整】组中单击🖼艺术效果▾按钮，可设置图片艺术效果；在【插入】/【插画】组中单击"剪贴画"按钮🖼，打开"剪贴画"任务窗格，可选择并插入剪贴画。

（三）插入艺术字

在【插入】/【文本】组中单击◢艺术字▾按钮，在打开的下拉列表框中选择艺术字样式并输入文本。在【绘制工具-格式】/【形状样式】组中单击"形状效果"按钮◢，可设置艺术字效果。

（四）插入 SmartArt 图形

在【插入】/【插图】组中单击 SmartArt 按钮，在打开的"选择 SmartArt 图形"对话框中选择 SmartArt 图形。在【SmartArt 工具-设计】/【创建图形】组中可设置图形中的形状等级。在【SmartArt 工具-设计】/【SmartArt 样式】组中可美化图形。在【SmartArt 工具-格式】/【大小】组中可设置形状大小。

（五）添加封面

在【插入】/【页】组中单击 封面 按钮，在打开的下拉列表框中选择所需封面，然后在其中输入文本即可。

实验二　排版文档

任务一　制作图书采购单

（一）插入表格的几种方式

1．插入自动表格

将插入点定位到需插入表格的位置处，在【插入】/【表格】组中单击"表格"按钮，然后在打开的下拉列表中按住鼠标左键不放并拖动，直到达到需要的表格行列数即可。

2．插入指定行列表格

在【插入】/【表格】组中单击"表格"按钮，在打开的下拉列表中选择"插入表格"命令，打开"插入表格"对话框。输入表格的行数和列数，单击 确定 按钮。

3．绘制表格

在【插入】/【表格】组中单击"表格"按钮，在打开的下拉列表中选择"绘制表格"命令。此时鼠标指针变成 形状，在插入表格处按住鼠标左键不放并拖动，绘制表格和单元格即可。

（二）选择表格

1．选择整行表格

将鼠标指针移动至表格左侧，当鼠标指针变为 形状时，单击即可选中整行。如果按住鼠标左键不放向上或向下拖动，则可以选中多行；或在需要选择的行列中单击任意单元格，在【表格工具】/【布局】/【表】组中单击"选择"按钮，在打开的下拉列表中选择"选择行"选项。

2．选择整列表格

将鼠标指针移动到表格顶端，当鼠标指针变为 形状时，单击可选中整列。如果按住鼠标左键不放向左或向右拖动，则可选中多列；或在需要选择的行列中单击任意单元格，在【表格工具】/【布局】/【表】组中单击"选择"按钮，在打开的下拉列表中选择"选择列"选项，也可选择整列表格。

3．选择整个表格

将鼠标指针移动到表格边框线上，单击表格左上角的"全部选中"按钮；可以通过在表格内部拖动鼠标选中整个表格；在表格内单击任意单元格，在【表格工具】/【布局】/【表】组中单击"选择"按钮 选择 ，在打开的下拉列表中选择"选择表格"选项。

（三）将表格转换为文本

选择表格，在【表格工具-布局】/【数据】组中单击"转换为文本"按钮 。打开"表格转换为文本"对话框，在其中选择合适的文字分隔符，单击 确定 按钮。

（四）将文本转换为表格

选中需要转换为表格的文本，在【插入】/【表格】组中单击"表格"按钮 ，在打开的下拉列表中选择"将文本转换成表格"选项。在打开的"将文本转换成表格"对话框中根据需要设置表格尺寸和文本分隔符，单击 确定 按钮。

（五）绘制表格框架

（1）在【插入】/【表格】组中，单击"表格"按钮 ，在打开的下拉列表中选择"插入表格"命令，打开"插入表格"对话框，在该对话框中分别输入列数和行数，单击 确定 按钮创建表格。

（2）将鼠标指针移动到表格右下角的控制点上，向下拖动鼠标调整表格的高度。

（3）选择需合并单元格，单击鼠标右键，在弹出的快捷菜单中选择"合并单元格"命令。或在【表格工具-布局】/【合并】组中单击"合并单元格"按钮 ，合并单元格。

（4）将鼠标指针移至第 2 列表格左侧边框上，当指针变为 形状后，按住鼠标左键向左拖动鼠标手动调整列宽。

（六）编辑表格

（1）单击选中一行单元格，在【表格工具-布局】/【行和列】组中的"在下方插入"按钮 ，在表格第1行下方插入一行单元格。

（2）选择单元格，在【表格工具-布局】/【合并】组中单击"拆分单元格"按钮 ，打开"拆分单元格"对话框，在其中设置需拆分的行列数，单击 确定 按钮。

（3）选择所有单元格，在【表格工具-布局】/【单元格大小】组中单击"分布列"按钮 ，可平均分配各列的宽度。

（七）输入与编辑表格内容

（1）选择表格，在【表格工具-布局】/【单元格大小】组中单击"自动调整"按钮 ，在打开的下拉列表中选择"根据内容自动调整表格"选项。

（2）在表格上单击 按钮选择表格，在【表格工具-布局】/【对齐方式】组中单击"水平居中"按钮 ，可设置文本水平居中对齐。

（八）设置与美化表格

（1）在表格中单击鼠标右键，在弹出的快捷菜单中选择"边框和底纹"命令。打开"边框和底纹"对话框，在"设置"栏中设置线型样式、颜色和宽度。

（2）在【开始】/【段落】组中单击"边框和底纹"按钮 ，在打开的下拉列表中选择"边框和底纹"选项，打开"边框和底纹"对话框。单击"底纹"选项卡，在"填充"下拉列表中设置单元格底纹。

（九）计算表格中的数据

（1）将插入点定位到"总和"右侧的单元格中，在【布局】/【数据】组中单击"公式"按钮 f_x。

（2）打开"公式"对话框，输入所需公式，单击 确定 按钮。

任务二　排版考勤管理规范

（一）模板与样式

1．模板

● 　新建模板。选择【文件】/【新建】命令，在中间的"可用模板"中选择"我的模板"选项，打开"新建"对话框，在"新建"栏单击选中"模板"单选项，单击 确定 按钮。

● 　套用模板。选择【文件】/【选项】命令，打开"Word选项"对话框，单击左侧的"加载项"选项，在右侧的"管理"下拉列表中选择"模板"选项，单击 转到(G)... 按钮，打开"模板加载项"对话框，在其中单击 选用(A)... 按钮，在打开的对话框中，选择需要的模板，返回对话框，单击选中"自动更新文档样式"复选框，单击 确定 按钮。

2．样式

样式是指一组已经命名的字符和段落格式。它设定了文档中标题、题注以及正文等各个文本元素的格式。用户可以将一种样式应用于某个段落或段落中选定的字符上，所选定的段落或字符将具有这种样式定义的格式。

（二）页面版式

1．设置页面大小、页面方向和页边距

● 　设置页面大小：单击"纸张大小"按钮 右侧的下拉按钮 ，在打开的下拉列表框中选择一种页面大小选项，或选择"其他页面大小"命令，在打开的"页面设置"对话框中输入文档宽度和高度值。

● 　设置页面方向：单击"页面方向"按钮 右侧的下拉按钮 ，在打开的下拉列表中选择"横向"命令，可以将页面设置为横向。

● 　设置页边距：单击"页边距"按钮 下方的下拉按钮 ，在打开的下拉列表框中选择一种页边距选项，或选择"自定义页边距"命令，在打开的"页面设置"对话框中输入上、下、左、右页边距值。

2．设置页面背景

在【页面布局】→【页面背景】组中单击"页面颜色"按钮 ，在打开的下拉列表中选择一种页面背景颜色。选择"填充效果"命令，在打开的对话框中单击"渐变"选项卡，即可设置渐变色背景和图片背景等。

3．添加封面

在【插入】/【页】组中单击"封面"按钮 封面 ，在打开的下拉列表中选择一种封面样式，为文档添加该类型的封面，然后输入相应的封面内容即可。

4．添加水印

在【页面布局】/【页面背景】组中单击"水印"按钮 水印 ，在打开的下拉列表中选择

一种水印效果。

5．设置主题

在【页面布局】/【主题】组中单击"主题"按钮▨，在打开的下拉列表中选择一种主题样式，文档的颜色和字体等效果将发生变化。

（三）设置页面大小

打开文档，在【页面布局】/【页面设置】组中，单击"对话框启动器"按钮▨，打开"页面设置"对话框。单击"纸张"选项卡，在"纸张大小"栏中可设置纸张大小。完成后单击 确定 按钮。

（四）设置页边距

（1）在【页面布局】/【页面设置】组中，单击"对话框启动器"按钮▨，打开"页面设置"对话框。

（2）单击"页边距"选项卡，在其中可对页边距进行设置。

（五）套用内置样式

将插入点定位到目标文本，在【开始】/【样式】组中选择"标题"选项，返回文档编辑区，即可查看设置后的文档效果。

（六）创建样式

（1）在【开始】/【样式】组中单击"对话框启动器"按钮▨，打开"样式"任务窗格，单击"新建样式"按钮▥。

（2）在打开的对话框的"名称"文本框中输入样式名称，在格式栏中将设置样式的字体格式。单击 格式(O)▾ 按钮，在打开的下拉列表中选择"段落"选项。

（3）打开"段落"对话框，在间距栏设置行距，单击 确定 按钮。

（4）返回到"根据格式设置创建新样式"对话框，再次单击 格式(O)▾ 按钮，在打开的下拉列表中选择"边框"选项。打开"边框和底纹"对话框，在其中设置样式的边框和底纹。

（七）修改样式

在"样式"任务窗格中选择创建的样式，单击右侧的▾按钮，在打开的下拉列表中选择"修改"选项。在打开的对话框的"格式"栏中重新设置即可。

任务三 排版和打印毕业论文

（一）添加题注

（1）在【引用】/【题注】组中单击"插入题注"按钮▨，打开"题注"对话框。

（2）在"标签"下拉列表框中选择需要设置的标签，也可以单击 新建标签(N)... 按钮，打开"新建标签"对话框，在"标签"文本框中输入自定义的标签名称。

（3）单击 确定 按钮返回对话框，选择添加的新标签，单击 确定 按钮。

（二）创建交叉引用

（1）将插入点定位到需要使用交叉引用的位置，在【引用】/【题注】组中单击"交叉引用"按钮▨，打开"交叉引用"对话框。

（2）在"引用类型"下拉列表框中选择需要引用的内容，然后在"引用那一个标题"列表框中选择需要的引用选项，单击 插入(I) 按钮即可创建交叉引用。在单击插入的文本范围时，插入的交叉引用内容显示为灰色底纹，若修改被引用的内容，返回引用时按【F9】键即可更新。

（三）插入批注

（1）选择要添加批注的文本，在【审阅】/【批注】组中单击"新建批注"按钮，所选择的文本由一条引线引至文档右侧。

（2）批注中"[M 用 1]"表示由姓名简写为"M"的用户添加的第一条批注，在批注文本框中输入文本内容。

（3）通过单击按钮或按钮，可查看添加的批注。在要删除的批注上单击鼠标右键，在弹出的快捷菜单中选择"删除批注"命令即可删除批注。

（四）添加修订

（1）在【审阅】/【修订】组中单击"修订"按钮，进入修订状态。

（2）对文档内容进行修改时，在修改原位置会显示修订的结果，并在左侧出现一条竖线，表示该处进行了修订。

（3）在【审阅】/【修订】组中单击 显示标记 按钮右侧的下拉按钮，在打开的下拉列表中选择【批注框】/【在批注框中显示修订】选项。

（4）对文档修订结束后，必须再次单击"修订"按钮退出修订状态。

（五）接受与拒绝修订

（1）在【审阅】/【更改】组中单击"接受"按钮接受修订，或单击"拒绝"按钮拒绝修订。

（2）单击"接受"按钮下方的下拉按钮，在打开的下拉列表中选择"接受对文档的所有修订"选项。

（六）插入并编辑公式

（1）在【插入】/【符号】组中单击"公式"按钮π下方的下拉按钮，在打开的下拉列表中选择"插入新公式"选项。

（2）将在文档中出现一个公式编辑框，在【设计】/【结构】组中单击"括号"按钮，在打开的下拉列表的"事例和堆栈"栏中选择"事例（两条件）"选项。

（3）单击括号上方的条件框，将光标定位到其中，并输入数据，然后在"符号"组中单击"大于号"按钮。

（4）单击括号下方的条件框，选中该条件框，然后在"结构"组中单击"分数"按钮，在打开的下拉列表的"分数"栏中选择"分数（竖式）"选项。

（5）在插入的分数中输入数据，完成后在文档任意处单击即可退出公式编辑框。

（七）使用大纲视图

（1）在【视图】/【文档视图】组中单击 大纲视图 按钮，视图模式切换到大纲视图，在【大纲】/【大纲工具】组中的"显示级别"下拉列表中选择"2 级"选项。

（2）查看所有2级标题文本后，双击本段落左侧的 ⊕ 标记，可展开下面的内容。

（3）设置完成后，在【大纲】/【关闭】组中单击"关闭大纲视图"按钮 或在【视图】/【文档视图】组中单击"页面视图"按钮 ，即可返回页面视图模式。

（八）插入分隔符

（1）将插入点定位到文本"提纲"之前，在【页面布局】/【页面设置】组中单击"分隔符"按钮 ，在打开的下拉列表中的"分页符"栏中选择"分页符"选项，在插入点所在位置插入分页符。

（2）将插入点定位到所需文本处，在【页面布局】/【页面设置】组中单击"分隔符"按钮 ，在打开的下拉列表中的"分节符"栏中选择"下一页"选项，在插入点所在位置插入分节符。

（九）设置页眉页脚

（1）在【插入】/【页眉和页脚】组中单击 页眉 ▾ 按钮，在打开的下拉列表中选择内置的页眉样式，然后在其中输入文本，并设置格式。

（2）在【页眉页脚工具-设计】/【页眉和页脚】组中单击 页脚 ▾ 按钮，在打开的下拉列表中选择内置的页脚样式。

（3）在"设计"选项卡中单击"关闭页眉和页脚"按钮 退出页眉和页脚编辑状态。

（4）双击页眉页脚，进入页眉页脚视图，拖动鼠标选择段落标记，单击鼠标右键，在弹出的快捷菜单中选择"边框和底纹"命令，打开"边框和底纹"对话框，取消选中其中的表格边框线，单击 确定 按钮。

（十）创建目录

在【引用】/【目录】组中单击"目录"按钮 ，在打开的下拉列表中选择"插入目录"选项，打开"目录"对话框，单击"目录"选项卡，在"制表符前导符"下拉列表中选择所需选项，在"格式"下拉列表框中选择需提取为目录的格式，在"显示级别"数值框中输入显示级别，撤销选中"使用超链接而不使用页码"复选框，单击 确定 按钮。

（十一）预览并打印文档

（1）选择【文件】/【打印】命令，在窗口右侧预览打印效果。

（2）对预览效果满意后，在窗口中间上方的"打印"栏的"份数"数值框中设置打印份数，然后单击"打印"按钮 开始打印。

操作题

在 E:\盘建立学生文件夹：以下的题目均保存在该文件夹下。

（一）建立一个名为"文档编辑"的 Word 文档。在新建立的文档中录入样文中的文本内容，完成以下操作，并保存。

高考对学生来说，考上可喜，考不上也不用悲观。

高考就像千军万马过独木桥，考个理想大学不容易。无论是最终走进大学校园的学子，抑或是高考不幸落榜者，都曾经历过一段艰苦岁月。

对于父母给子女过大压力，学校重视文化教育而轻视心理健康教育和人文关怀等现象，习近平在文中指出，一定要从社会、学校和家长等多方入手，千方百计把孩子从分数中解放出来。

要让他们明白，人生道路千万条，各行各业都能成才。只要矢志追求、努力拼搏，照样可以实现人生抱负和目标。

人的成才不在于是否上大学，而在于有没有实际本领。未来只要你踏实肯干，总有你出头之日。高考只是人生道路中的一条，卸下包袱，轻松上阵吧！

1. 段落合并：将文中第四自然段和第五自然段合并为一段。

2. 设置字体：第一段为黑体，第二段为宋体，第三段为楷体，第四段为仿宋。第五段为楷体。

3. 设置字号：第一段设置字号为三号字，第二段至第五段设置为四号字。

4. 设置字型：第一段设置为粗体，为第四段设置下划线（波浪线）。

5. 设置对齐方式：第一段设置为居中，第二段至第五段设置为左对齐。

6. 设置段落缩进：设置正文段落缩进两个中文字符。

7. 设置段间距：第一段为段前 1 行，第二段至最后一段为段前段后各 1 行。

8. 设置行间距：设置所有段落的行间距为固定值、20 磅。

9. 使用"查找和替换"功能，将文章中所有的"大学"字设置为红色、加粗字体。

10. 页面设置：设置纸张类型为 A4，页边距：上、右各为 2cm，下、左各为 3cm。

（二）建立一个名为"表格"的 Word 文档，完成以下内容并保存。

1. 创建一个 4 行 6 列的表格，并自动套用表格样式"浅色网格"，如表 1-3-1 所示。

表 1-3-1

2. 将上述表格的行高调整为 0.6cm，列宽为 2.1cm，并设置表格居中。

3. 在文档中插入表 1-3-2 所示表格，表格中的文字为"小五""黑体""加粗"和"中部居中"，表格的行高调整为 0.65cm，"邮政编码"字段换行，并设行距为"固定值，9 磅"。

表 1-3-2

姓　名		性别		照　片
民　族		政治面貌		
出生日期		出生地		
毕业学校				
所学专业		最高学历		
最高学位		专业技术职务		
现从事职业		邮政编码		
通信地址		电子信箱地址		
联系电话				
申请任教学科（课程）				
身份证号码				

4. 制作课程表。表格标题文字"课程表"，字体为黑体，大小为二号，居中。设置表格边框线，设置单元格底纹，设置文字中部居中，如表 1-3-3 所示。

表 1-3-3

节次 \ 星期		星期一	星期二	星期三	星期四	星期五
上午	1	大学英语	计算机基础	高等数学	哲学	会计基础
上午	2	大学英语	计算机基础	高等数学	哲学	会计基础
上午	3	高等数学	会计基础	自习	大学英语	计算机基础
上午	4	高等数学	会计基础	自习	大学英语	计算机基础
中午						
下午	5	体育	自习	计算机基础	自习	自习
下午	6	体育	自习	计算机基础	自习	自习
晚自习						

（三）制作如样图所示图文并茂的文档。并将文件命名为 "WORD 图文排版".DOCX，并保存，如图 1-3-1 所示。

图 1-3-1

项目四
Excel 2010 电子表格软件的应用

实验一　Excel 2010 基本操作

任务一　制作学生成绩表

（一）熟悉 Excel 2010 工作界面

1. 编辑栏

编辑栏用来显示和编辑当前活动单元格中的数据或公式。默认情况下，编辑栏中包括名称框、"插入函数"按钮 *fx* 和编辑框，但在单元格中输入数据或插入公式与函数时，编辑栏中的"取消"按钮✗和"输入"按钮✔将显示出来。

2. 工作表编辑区

工作表编辑区是 Excel 编辑数据的主要场所，它包括行号与列标、单元格和工作表标签等。

（二）认识工作簿、工作表、单元格

1. 工作簿、工作表和单元格的概念

● 工作簿。新建的工作簿以"工作簿 1"命名，若继续新建工作簿将以"工作簿 2""工作簿 3"……命名，且工作簿名称将显示在标题栏的文档名处。

● 工作表。一张工作簿中只包含 3 张工作表，分别以"Sheet1""Sheet2"和"Sheet3"进行命名。

● 单元格。单个单元格地址可表示为：列标+行号，而多个连续的单元格称为单元格区域，其地址表示为：单元格:单元格。

2. 工作簿、工作表、单元格的关系

Excel 2010 创建的文件扩展名为".xlsx"，而工作表依附在工作簿中，单元格则依附在工作表中，因此它们 3 者之间的关系是包含与被包含的关系。

（三）切换工作簿视图

在 Excel 中可根据需要在视图栏中单击视图按钮组 ▦▭◲ 中的相应按钮，或单击"视图"选项卡，在"工作簿视图"组中单击相应的按钮切换视图。

（四）选择单元格

● 选择单个单元格：单击单元格，或在名称框中输入单元格的行号和列号后按【Enter】键即可选择所需的单元格。

● 选择所有单元格：单击行号和列标左上角交叉处的"全选"按钮 ⊞，或按【Ctrl+A】组合键即可选择工作表中所有单元格。

● 选择相邻的多个单元格：选择起始单元格后按住鼠标左键不放拖曳鼠标到目标单元格，或按住【Shift】键的同时选择目标单元格即可选择相邻的多个单元格。

● 选择不相邻的多个单元格：按住【Ctrl】键的同时依次单击需要选择的单元格即可选择不相邻的多个单元格。

● 选择整行：将鼠标移动到需选择行的行号上，当鼠标光标变成 ➡ 形状时，单击即可选择该行。

● 选择整列：将鼠标移动到需选择列的列标上，当鼠标光标变成 ⬇ 形状时，单击即可选择该列。

（五）合并与拆分单元格

1．合并单元格

在【开始】/【对齐方式】组中单击"合并后居中"按钮 ⊞合并后居中 右侧的下拉按钮 ▾，在打开的下拉列表中可以选择"跨越合并""合并单元格"和"取消单元格合并"等选项。

2．拆分单元格

选择合并的单元格，然后单击 ⊞合并后居中 按钮，或打开"设置单元格格式"对话框，在"对齐方式"选项卡下撤销选中"合并单元格"复选框即可。

（六）插入与删除单元格

1．插入单元格

（1）选择单元格，在【开始】/【单元格】组中单击"插入"按钮 右侧的下拉按钮 ▾，在打开的下拉菜单列表中选择"插入单元格"选项，打开"插入"对话框，单击选中对应单选项后，单击 确定 按钮即可。

（2）单击"插入"按钮 右侧的下拉按钮 ▾，在打开的下拉列表中选择"插入工作表行"或"插入工作表列"选项，即可插入整行或整列单元格。

2．删除单元格

（1）选择要删除的单元格，单击【开始】/【单元格】组中的"删除"按钮 右侧的下拉按钮 ▾，在打开的下拉列表中选择"删除单元格"选项。

（2）打开"删除"对话框，单击选中对应单选项后，单击 确定 按钮即可删除所选单元格。

（3）单击"删除"按钮 右侧的下拉按钮 ▾，在打开的下拉列表中选择"删除工作表行"或"删除工作表列"选项，可删除整行或整列单元格。

（七）查找与替换数据

1. 查找数据

（1）在【开始】/【编辑】组中单击"查找和选择"按钮 🔍，在打开的下拉列表中选择"查找"选项，打开"查找和替换"对话框的"查找"选项卡。

（2）在"查找内容"下拉列表框中输入要查找的数据，单击 查找下一个(F) 按钮，便能快速查找到匹配条件的单元格。

（3）单击 查找全部(I) 按钮，可以在"查找和替换"对话框下方列表中显示所有包含需要查找文本的单元格位置。单击 关闭 按钮关闭"查找和替换"对话框。

2. 替换数据

（1）在【开始】/【编辑】组中单击"查找和选择"按钮 🔍，在打开的下拉列表中选择"替换"选项，打开"查找和替换"对话框，单击"替换"选项卡。

（2）在"查找内容"下拉列表框中输入要查找的数据，在"替换为"下拉列表框中输入需替换的内容。

（3）单击 查找下一个(F) 按钮，查找符合条件的数据，然后单击 替换(R) 按钮进行替换，或单击 全部替换(A) 按钮，将所有符合条件的数据一次性全部替换。

（八）新建并保存工作簿

（1）选择【开始】/【所有程序】/【Microsoft Office】/【Microsoft Excel 2010】命令，启动 Excel 2010，然后选择【文件】/【新建】命令，在窗口中间的"可用模板"列表框中选择"空白工作簿"选项，在右下角单击"创建"按钮 📄。

（2）选择【文件】/【保存】命令，在打开的"另存为"对话框的"保存位置"下拉列表框中选择文件保存路径，在"文件名"下拉列表框中输入文件名称，然后单击 保存(S) 按钮。

（九）输入工作表数据

（1）单击 A1 单元格，在其中输入文本，然后按【Enter】键切换到 A2 单元格，在其中输入文本。

（2）按【Tab】键或【→】键切换到 B2 单元格，在其中输入所需文本，并使用相同的方法在后面单元格中输入其他文本。

（3）单击 A3 单元格，在其中输入"1"，将鼠标指针移动到单元格右下角，当其变为"+"形状时，按住【Ctrl】键拖动鼠标至 A13 单元格，此时 A4:A13 单元格区域将自动生成序号。

（4）拖动鼠标选择 B3:B13 单元格区域，在【开始】/【数字】组中的"数字格式"下拉列表中选择"文本"选项，然后在 B3 单元格中输入学号"20150901401"，然后利用控制柄在 B4:B13 单元格区域自动填充。

（十）设置数据有效性

（1）在 C3：C13 单元格区域中输入学生名字，然后选择 D3:G13 单元格区域。

（2）在【数据】/【数据工具】组中单击"数据有效性"按钮 📋，打开"数据有效性"对话框，在"允许"下拉列表中选择"整数"选项，在"数据"下拉列表中选择"介于"选项，在"最大值"和"最小值"文本框中分别数据，如输入 0 和 100。

（3）单击"输入信息"选项卡，在"标题"文本框中输入"注意"文本，在"输入信息"

文本框中输入提示文本，如"请输入 0-100 之间的整数"文本。

（4）单击"出错警告"选项卡，在"标题"文本框中输入"出错"文本，在"错误信息"文本框中输入提示文本，如"输入的数据不在正确范围内，请重新输入"文本，完成后单击 确定 按钮。

（5）在单元格中依次输入相关课程的学生成绩，选择 H3:H13 单元格区域，打开"数据有效性"对话框，在"设置"选项卡的"允许"下拉列表中选择"序列"选项，在来源文本框中输入"优,良,及格,不及格"文本。

（6）单击 H3:H13 单元格区域任意单元格，然后单击单元格右侧的下拉按钮，在打开的下拉列表中选择需要的选项即可。

（十一）设置单元格格式

（1）选择单元格区域，在【开始】/【对齐方式】组中单击"合并后居中"按钮或单击该按钮右侧的下拉按钮，在打开的下拉列表中选择"合并后居中"选项。

（2）在【开始】/【字体】组中可设置单元格中数据的字体、字号、对齐方式和字体颜色等。

（十二）设置条件格式

（1）选择单元格区域，在【开始】/【样式】组中单击"条件格式"按钮，在打开的下拉列表中选择"新建规则"选项，打开"新建格式规则"对话框。

（2）在"选择规则类型"列表框中选择"只为包含以下内容的单元格格式"选项，对"编辑规则说明"栏中的条件格式下拉列表进行设置，并在后面的数据框中输入数据。

（3）单击 格式(F)... 按钮，打开"设置单元格格式"对话框，在"字体"选项卡中设置字型为"加粗倾斜"，将颜色设置为标准色中的红色。

（十三）调整行高和列宽

（1）选择 F 列，在【开始】/【单元格】组中单击"格式"按钮，在打开的下拉列表中选择"自动调整列宽"选项。

（2）将鼠标光标移到第 1 行与第 2 行行号间的间隔线上，当鼠标光标变为 形状时，按住鼠标左键不放向下拖动，此时鼠标光标右侧将显示具体的数据，拖动至适合的距离后释放鼠标。

（3）选择第 2～13 行，在【开始】/【单元格】组中单击"格式"按钮，在打开的下拉菜单中选择"行高"选项，在打开的"行高"对话框的数值框中默认显示为"13.5"，根据需要输入具体数值后单击 确定 按钮，调整行高。

（十四）设置工作表背景

在【页面布局】/【页面设置】组中单击 背景 按钮，在打开的"工作表背景"对话框的左上角的下拉列表框中选择背景图片的保存路径，在中间区域选择图片，然后单击 确定 按钮。

任务二　编辑产品价格表

（一）选择工作表

● 选择单张工作表：单击工作表标签，可选择对应工作表。

● 选择连续的多张工作表：单击选择第一张工作表，按住【Shift】键不放的同时选择其他工作表。

● 选择不连续的多张工作表：选择第一张工作表，按住【Ctrl】键不放的同时选择其他工作表。

● 选择全部工作表：在任意工作表上单击鼠标右键，在弹出的快捷菜单中选择"选定全部工作表"命令。

（二）隐藏与显示工作表

（1）选择需要隐藏的工作表，然后在其上单击鼠标右键，在弹出的快捷菜单中选择"隐藏"命令即可隐藏所选的工作表。

（2）在工作簿的任意工作表上单击鼠标右键，在弹出的快捷菜单中选择"取消隐藏"命令，在打开的"取消隐藏"对话框的列表框中选择需显示的工作表，然后单击 确定 按钮即可将隐藏的工作表显示出来。

（三）设置超链接

（1）选择需要设置超链接的单元格，在【插入】/【超链接】组中单击"超链接"按钮，打开"插入超链接"对话框。

（2）在打开的对话框中可根据需要设置链接对象的位置，完成后单击 确定 按钮。

（四）套用表格格式

（1）选择单元格区域，在【开始】/【样式】组中单击"套用表格格式"按钮，在打开的下拉列表中选择一种表格样式选项。

（2）套用表格格式后，将激活表格工具"设计"选项卡，在其中可重新设置表格样式和表格样式选项。在"工具"组中单击 转换为区域 按钮可将套用的表格样式转换为普通的单元格区域。

（五）打开工作簿

（1）在 Excel 2010 工作界面中选择【文件】/【打开】命令。

（2）打开"打开"对话框，在左上角的下拉列表框中选择文件路径，在中间的列表框中选择需要打开的工作簿，完成后单击 打开(O) 按钮。

（六）插入与删除工作表

1．插入工作表

（1）在"Sheet1"工作表上单击鼠标右键，在弹出的快捷菜单中选择"插入"命令。

（2）在打开的"插入"对话框的"常用"选项卡的列表框中选择"工作表"选项，然后单击 确定 按钮。

2．删除工作表

选择工作表，在其上单击鼠标右键，在弹出的快捷菜单中选择"删除"命令。

（七）移动与复制工作表

（1）在"Sheet1"工作表上单击鼠标右键，在弹出的快捷菜单中选择"移动或复制"命令。

（2）在打开的"移动或复制工作表"对话框的"下列选定工作表之前"列表框中选择移

动工作表的位置，这里选择"移至最后"选项。单击选中"建立副本"复选框则可复制工作表，完成后单击 确定 按钮。

（八）重命名工作表

（1）双击工作表标签，或在工作表标签上单击鼠标右键，在弹出的快捷菜单中选择"重命名"命令。

（2）输入重命名的名称，然后按【Enter】键或在工作表的任意位置单击取消编辑状态。

（九）拆分工作表

（1）在工作表中选择需拆分的单元格，然后在【视图】/【窗口】组中单击 拆分 按钮。

（2）此时工作簿将以该单元格为中心拆分为 4 个窗格，在任意一个窗口中选择单元格，然后滚动鼠标滚轮即可显示出工作表中的其他数据。

（十）冻结窗格

（1）选择工作表，选择所需单元格作为冻结中心，然后单击"视图"选项卡，在"窗口"组中单击 冻结窗格 按钮，在打开的下拉列表中选择"冻结拆分窗格"选项。

（2）返回工作表中将保持该单元格上方和左侧的行和列位置不变，然后拖动水平滚动条或垂直滚动条，即可查看工作表的其他部分而不移动设置的表头所在的行或列。

（十一）设置工作表标签颜色

在工作表上单击鼠标右键，在弹出的快捷菜单中选择【工作表标签颜色】/【红色，强调文字颜色2】命令，即可完成工作表标签颜色的设置。

（十二）预览并打印表格数据

1．打印整个工作表

（1）选择【文件】/【打印】命令，在窗口右侧预览工作表的打印效果，在窗口中间列表框的"设置"栏的"纵向"下拉列表框中选择"横向"选项设置纸张方向，再在窗口中间列表框的下方单击 页面设置 按钮。

（2）在打开的"页面设置"对话框中单击"页边距"选项卡，在"居中方式"栏中单击选中"水平"和"垂直"复选框，然后单击 确定 按钮。

2．打印区域数据

（1）选择需打印的单元格区域，在"页面布局"选项卡的"页面设置"组中单击 打印区域 按钮，在打开的下拉列表中选择"设置打印区域"选项，所选区域四周将出现虚线框，表示该区域将被打印。

（2）选择【文件】/【打印】命令，单击"打印"按钮 即可。

（十三）保护表格数据

1．保护单元格

（1）选择"RF 系列"工作表，选择 E3:E20 单元格区域，在其上单击鼠标右键，在弹出的快捷菜单中选择"设置单元格格式"命令。

（2）在打开的"设置单元格格式"对话框中单击"保护"选项卡，单击选中"锁定"和"隐藏"复选框，然后单击 确定 按钮完成单元格的保护功能设置。

2．保护工作表

（1）在【审阅】/【更改】组中单击 保护工作表 按钮。在打开的"保护工作表"对话框的"取消工作表保护时使用的密码"文本框中输入需保护工作表的密码，然后单击 确定 按钮。

（2）在打开的"确认密码"对话框的"重新输入密码"文本框中输入与前面相同的密码，然后单击 确定 按钮，返回工作簿中可发现相应选项卡中的按钮或命令呈灰色状态显示，即不可用状态。

3．保护工作簿

（1）在【审阅】/【更改】组中单击 保护工作簿 按钮。在打开的"保护结构和窗口"对话框中单击选中"窗口"复选框表示在每次打开工作簿时工作簿窗口大小和位置都相同，然后在"密码"文本框中输入密码，单击 确定 按钮。

（2）在打开的"确认密码"对话框的"重新输入密码"文本框中输入相同密码，单击 确定 按钮。

操作题

1．创建名为"实验用文件 1"的 Excel 工作簿文件，并保存在 E 盘中。

2．在刚才创建的工作簿的 Sheet1 工作表中输入图 1-4-1 所示数据。

	A	B	C	D	E	F	G	H	I	J	K	L
1					职工基本情况表							
2	序号	姓名	性别	职称	单位	出生日期	基本工资	津贴	奖金	工资总额	交税	工积金
3	1	申国栋	男	副教授	工学院	1969-8-1	3200.00	680.00	3800.00			
4	2	王克南	男	副教授	工学院	1967-4-2	3200.00	680.00	4560.00			
5	3	李莉	女	副教授	工学院	1967-9-4	3560.00	560.00	3680.00			
6	4	吴擎宇	男	副教授	工学院	1955-8-4	3560.00	670.00	3590.00			
7	5	廖剑锋	男	讲师	工学院	1974-6-6	2880.00	450.00	3290.00			
8	6	刘国敏	男	讲师	工学院	1975-6-6	2900.00	480.00	3600.00			
9	7	吴浩权	男	教授	工学院	1958-8-9	4200.00	890.00	4680.00			
10	8	古琴	女	副教授	理学院	1972-6-14	3400.00	600.00	4780.00			
11	9	陈永强	男	讲师	理学院	1966-6-9	2800.00	450.00	3500.00			
12	10	陈昌兴	男	教授	理学院	1954-1-2	4380.00	770.00	4500.00			
13	11	朱莉莎	女	副教授	商学院	1954-7-6	3600.00	600.00	3680.00			
14	12	肖静	女	讲师	商学院	1956-7-12	2800.00	430.00	3000.00			
15	13	钟尔慧	女	讲师	商学院	1965-8-5	3060.00	460.00	3750.00			
16	14	李光华	男	副教授	文学院	1968-8-30	3280.00	560.00	3680.00			
17	15	蓝志福	男	副教授	文学院	1970-5-8	3590.00	560.00	4560.00			
18	16	朱泽艳	女	副教授	文学院	1963-5-9	3580.00	640.00	3630.00			
19	17	李文如	女	讲师	文学院	1968-9-24	3500.00	400.00	3680.00			
20	18	李柱	男	教授	文学院	1960-8-17	4200.00	780.00	4600.00			
21	19	蓝静	女	教授	文学院	1964-5-6	4180.00	780.00	4560.00			
22	20	肖毅	女	助教	文学院	1976-6-2	1800.00	300.00	2500.00			
23												

图 1-4-1 职工基本情况表

3．设置工作表格式。

（1）数字格式："出生日期"列数据设置为日期格式，如 1990-4-5。"基本工资""津贴""奖金""工资总额""交税"和"公积金"6 列设置为 2 位小数的数值格式。

（2）对齐方式：标题为水平方向跨列居中、垂直方向为居中，其它单元格设置为水平和垂直方向均居中。

（3）字体：标题格式为隶书、20 号、蓝色字；其它单元格设置为宋体、10 号字。

（4）单元格底纹设置：设置标题部分底纹为红色。

（5）边框样式：按图 1-4-1 所示设置。

（6）设置列宽为"最适合的列宽"。

4．复制工作表，并进行重命名：将 Sheet1 制作 7 个复本，分别命名为"函数使用""排序""自动筛选""高级筛选""分类汇总""数据透视表"和"合并计算"。

实验二 计算和分析 Excel 数据

任务一 制作产品销售测评表

（一）公式运算符和语法

1．运算符

运算符有算术运算符（如加、减、乘、除）、比较运算符（如逻辑值 FALSE 与 TRUE）、文本运算符（如&）、引用运算符（如冒号与空格）和括号运算符（如（））5 种，当一个公式中包含这 5 种运算符时，应遵循从高到低的优先级进行计算。

2．语法

Excel 中的公式遵循一个特定的语法，最前面是等号，后面是参与计算的元素和运算符。如果公式中同时用到了多个运算符，则需按照运算符的优先级分别进行运算；如果公式中包含了相同优先级别的运算符，则先进行括号里面的运算，然后再按从左到右顺序依次计算。

（二）单元格引用和单元格引用分类

1．单元格引用

在 Excel 中是通过单元格的地址来引用单元格的，单元格地址指单元格的行号与列标的组合。

2．单元格引用分类

在计算数据表中的数据时，通常会复制或移动公式来实现快速计算，因此会涉及不同的单元格之间的引用方式。Excel 中包括相对引用、绝对引用和混合引用 3 种引用方法。

（三）使用公式计算数据

1．输入公式

输入公式指的是只包含运算符、常量数值、单元格引用和单元格区域引用的简单公式，其输入方法为：选择要输入公式的单元格，在单元格或编辑栏中输入"="，接着输入公式内容，完成后按【Enter】键或单击编辑栏上的"输入"按钮✔即可。

在单元格中输入公式后，按【Enter】键可在计算出公式结果的同时选择同列的下一个单元格；按【Tab】键可在计算出公式结果的同时选择同行的下一个单元格；按【Ctrl+Enter】组合键则在计算出公式结果后，当前单元格仍保持选择状态。

2．编辑公式

选择含有公式的单元格，将文本插入点定位在编辑栏或单元格中需要修改的位置，按【Backspace】键删除多余或错误的内容，再输入正确的内容，完成后按【Enter】键。

3．复制公式

通常使用"常用"工具栏或菜单进行复制粘贴，也可使用拖动控制柄快速填充的方法进行复制。选中添加了公式的单元格按【Ctrl+C】组合键进行复制，然后再将鼠标光标定位到要复制到的单元格，按【Ctrl+V】组合键进行粘贴就可完成公式的复制。

（四）Excel 中的常用函数

Excel 2010 中提供了多种函数，除 SUM 函数和 AVERAGE 函数外，常用的还有 IF 函数、MAX/MIN 函数、COUNT 函数、SIN 函数和 PMT 函数等。

（五）使用求和函数 SUM

（1）选择单元格，在【公式】/【函数库】组中单击 Σ 自动求和 按钮。此时，便在该单元格中插入求和函数"SUM"，同时 Excel 将自动识别函数需求和的参数（B4:G4）。

（2）单击编辑区中的"输入"按钮✓，应用函数的计算结果，将鼠标指针移动到该单元格右下角，当其变为➕形状时，按住鼠标左键不放向下拖曳，直至目标单元格后释放鼠标左键，系统将自动填充。

（六）使用平均值函数 AVERAGE

（1）选择 I4 单元格，在【公式】/【函数库】组中单击"自动求和"按钮 Σ 下方的按钮，在打开的下拉列表中选择"平均值"选项。

（2）此时，系统自动在 I4 单元格中插入平均值函数"AVERGE"，同时 Excel 将自动识别函数参数"B4:H4"，也可手动更改为正确的单元格区域。

（3）单击编辑区中的"输入"按钮✓，应用函数的计算结果。

（4）将鼠标指针移动到 I4 单元格右下角，当其变为➕形状时，按住鼠标左键不放向下拖曳，直至 I15 单元格再释放鼠标左键，系统将自动填充。

（七）使用最大值函数 MAX 和最小值函数 MIN

（1）选择 B16 单元格，在【公式】/【函数库】组中单击 Σ 自动求和 按钮右侧的 按钮，在打开的下拉列表中选择"最大值"选项。

（2）此时，系统自动在 B16 单元格中插入最大值函数"MAX"，同时 Excel 将自动识别函数参数"B4:B15"，也可手动更改为正确的单元格区域。

（3）单击编辑区中的"输入"按钮✓，确认函数的应用计算结果，将鼠标指针移动到 B16 单元格右下角，当其变为➕形状时，按住鼠标左键不放向右拖曳，直至 I16 单元格，释放鼠标，将自动计算出最大值。

（4）选择 B17 单元格，在【公式】/【函数库】组中单击 Σ 自动求和 按钮右侧的下拉按钮，在打开的下拉列表中选择"最小值"选项。

（5）此时，系统自动在 B16 单元格中插入最小值函数"MIN"，同时 Excel 将自动识别函数参数"B4:B16"，也可手动更改为需计算的正确单元格区域。

（6）单击编辑区中的"输入"按钮✓，应用函数的计算结果。

（7）将鼠标指针移动到 B16 单元格右下角，当其变为➕形状时，按住鼠标左键不放向右拖曳，直至 I16 单元格，释放鼠标左键，将自动计算出最小值。

（八）使用排名函数 RANK

（1）选择 J4 单元格，在【公式】/【函数库】组中单击"插入函数"按钮 fx 或按【Shift+F3】组合键，打开"插入函数"对话框。

（2）在"或选择类别"下拉列表框中选择"常用函数"选项，在"选择函数"列表框中选择"RANK"选项，单击 确定 按钮。

（3）打开"函数参数"对话框，在"Number"文本框中输入"H4"，单击"Ref"文本框右侧"收缩"按钮。

（4）此时该对话框呈收缩状态，拖曳鼠标选择要计算的单元格区域，单击右侧"拓展"按钮。

（5）返回到"函数参数"对话框，利用【F4】键将"Ref"文本框中的单元格引用地址转换为绝对引用，单击 确定 按钮。

（6）返回到操作界面，即可查看排名情况，将鼠标指针移动到J4单元格右下角。当其变为+形状时，按住鼠标左键不放向下拖曳，直至J15单元格，释放鼠标左键，显示每个名次。

（九）使用 IF 嵌套函数

（1）选择K4单元格，单击编辑栏中的"插入函数"按钮 *fx* 或按【Shift+F3】组合键，打开"插入函数"对话框。

（2）在"或选择类别"下拉列表框中选择"逻辑"选项，在"选择函数"列表框中选择"IF"选项，单击 确定 按钮。

（3）打开"函数参数"对话框，分别在3个文本框中输入判断条件和返回逻辑值，单击 确定 按钮。

（4）返回到操作界面，由于H4单元格中的值大于"510"，因此在K4单元格中显示"优秀"，将鼠标指针移动到K4单元格右下角，当其变为+形状时，按住鼠标左键不放向下拖曳至K15单元格释放鼠标，分析其他数据是否满足优秀件，若低于"510"则返回"合格"。

（十）使用 INDEX 函数

（1）选择B19单元格，编辑栏中输入"=INDEX（"，此时，编辑栏下方将自动提示INDEX函数的参数输入规则，拖曳鼠标选择A4:G15单元格区域，编辑栏中将自动录入"A4:G15"。

（2）继续在编辑栏中输入参数"，2,3）"，单击编辑栏中的"输入"按钮 ✓，确认函数的应用并计算结果。

（3）选择B20单元格，编辑栏中输入"=INDEX（"，拖曳鼠标选择"A4:G15"单元格区域，编辑栏中将自动录入"A4:G15"。

（4）继续在编辑栏中输入参数"，3,6）"，按【Ctrl+Enter】组合键确认函数的公式，并计算该结果。

任务二　统计分析员工绩效表

（一）数据排序

一般情况下，数据排序主要有3种方法，分别是：单列数据排序、多列数据排序和自定义排序。

（二）数据筛选

数据筛选功能是对数据进行分析时常用的方法之一，分为自动筛选、高级筛选和自定义筛选3种情况。

（三）排序员工绩效表数据

（1）选择任意单元格，在【数据】/【排序和筛选】组中单击"升序"按钮↓↑，此时即可将数据按照"季度总产量"由低到高进行排序。

（2）选择 A2:G14 单元格区域，在"排序和筛选"组中单击"排序"按钮。

（3）打开"排序"对话框，在"主要关键字"下拉列表框中选择"季度总产量"选项，在"排序依据"下拉列表框中选择"数值"选项，在"次序"下拉列表框中选择"降序"选项，单击 确定 按钮。

（4）打开"排序"对话框，单击 添加条件(A) 按钮，在"次要关键字"下拉列表框中选择"3月份"选项，在"排序依据"下拉列表框中选择"数值"选项，在"次序"下拉列表框中选择"降序"选项，单击 确定 按钮。

（5）此时即可对数据表先按照"季度总产量"序列降序排列，对于"季度总产量"列中相同的数据，则按照"3月份"序列进行降序排列。

（6）选择【文件】/【选项】命令，打开"Excel 选项"对话框，在左侧的列表中单击"高级"选项卡，在右侧列表框的"常规"栏中单击 编辑自定义列表(O) 按钮。

（7）打开"自定义序列"对话框，在"输入序列"列表框中输入序列字段"流水,装配,检验,运输"，单击 添加(A) 按钮，将自定义字段添加到左侧的"自定义序列"列表框中。

（8）单击 确定 按钮关闭"Excel 选项"对话框，返回到数据表，选择任意一个单元格，在"排序和筛选"组中单击"排序"按钮，打开"排序"对话框。

（9）在"主要关键字"下拉列表框中选择"工种"选项，在"次序"下拉列表框中选择"自定义序列"选项，打开"自定义序列"对话框，在"自定义序列"列表框中选择前面创建的序列，单击 确定 按钮。

（10）返回到"排序"对话框，在"次序"下拉列表中即显示设置的自定义序列，单击 确定 按钮。

（11）此时即可将数据表按照"工种"序列中的自定义序列进行排序。

（四）筛选员工绩效表格数据

1．自动筛选

（1）选择工作表中的任意单元格，在【数据】/【排序和筛选】组中单击"筛选"按钮，进入筛选状态，列标题单元格右侧显示出"筛选"下拉按钮。

（2）在 C2 单元格中，单击"筛选"下拉按钮，在打开的下拉列表框中撤销选中"检验""流水"和"运输"复选框，仅单击选中"装配"复选框，单击 确定 按钮。

（3）此时将在数据表中显示工种为"装配"的员工数据，而将其他员工数据全部隐藏。

2．自定义筛选

（1）打开表格，单击"筛选"按钮进入筛选状态，在"季度总产量"单元格中单击"筛选"下拉按钮，在打开的下拉列表框中选择"数字筛选"选项，在打开的子列表中选择"大于"选项。

（2）打开"自定义自动筛选方式"对话框，在"季度总产量"栏的"大于"右侧的下拉列表框中输入数据，单击 确定 按钮。

3．高级筛选

（1）打开表格，在 C16 单元格中输入筛选序列"1月份"，在 C17 单元格中输入条件">510"，在 D16 单元格中输入筛选序列"季度总产量",在 D17 单元格中输入条件">1556",在表格中选择任意的单元格,在"排序和筛选"组中单击 ▽高级 按钮。

(2)打开"高级筛选"对话框,单击选中"将筛选结果复制到其他位置"单选项,此时,"列表区域"自动设置为"$A$2:$G$14",在"条件区域"文本框中输入"$C$16:$D$17",在"复制到"文本框中输入"$A$18:$G$25",单击 确定 按钮。

(3)此时即可在原数据表下方的 A18:G19 单元格区域中单独显示出筛选结果。

4.使用条件格式

(1)选择 D3:G14 单元格区域,在【开始】/【样式】组中单击"条件格式"按钮 ,在打开的下拉列表中选择"突出显示单元格规则"选项,在打开的子列表中选择"大于"选项。

(2)打开"大于"对话框,在数值框中输入数据,在"设置为"下拉列表框中选择颜色选项,单击 确定 按钮。

(3)此时即可在原数据表下方的 A18:G19 单元格区域中单独显示出筛选结果,还可将 D3:G14 单元格区域中所有数据大于所输入数据的单元格以浅红色填充显示。

(五)对数据进行分类汇总

(1)选择单元格,在"排序和筛选"组中单击"升序"按钮 ,对数据进行排序。

(2)单击"分级显示"按钮 ,在"分级显示"组中单击"分类汇总"按钮 ,打开"分类汇总"对话框,在"分类字段"下拉列表框中选择"工种"选项,在"汇总方式"下拉列表框中选择"求和"选项,在"选定汇总项"列表框中单击选中"季度总产量"复选框,单击 确定 按钮。

(3)此时即可对数据表进行分类汇总,同时直接在表格中显示汇总结果。

(4)在 C 列中选择任意单元格,使用相同的方法打开"分类汇总"对话框,在"汇总方式"下拉列表框中选择"平均值"选项,在"选定汇总项"列表框中单击选中"季度总产量"复选框,撤销选中"替换当前分类汇总"复选框,单击 确定 按钮。

(5)在前面的汇总数据表的基础上继续添加分类汇总,即可同时查看到不同工种每季度的平均产量。

(六)创建并编辑数据透视表

(1)选择单元格区域,在【插入】/【表格】组中单击"数据透视表"按钮 ,打开"创建数据透视表"对话框。

(2)由于已经选定了数据区域,因此只需设置放置数据透视表的位置,这里单击选中"新工作表"单选项,单击 确定 按钮。

(3)此时,即可新建一张工作表,并在其中显示空白数据透视表,而右侧则显示出"数据透视表字段列表"窗格。

(4)在"数据透视表字段列表"窗格中,将"工种"字段拖动到"报表筛选"下拉列表框中,数据表中将自动添加筛选字段。然后用同样的方法将"姓名"和"编号"字段拖动到"报表筛选"下拉列表框中。

(5)再使用相同的方法按顺序将"1 月份~季度总产量"字段拖到"数值"下拉列表框中。

(6)在创建好的数据透视表中单击"工种"字段后的下拉按钮 ,在打开的下拉列表框中选择"流水"选项,单击 确定 按钮,即可在表格中显示该工种下所有员工的汇总数据。

（七）创建数据透视图

（1）在【数据透视表工具-选项】/【工具】组中单击"数据透视图"按钮，打开"插入图表"对话框。在左侧的列表中单击"柱形图"选项卡，在右侧列表框的"柱形图"栏中选择"三维簇状柱形图"选项，单击 确定 按钮，即可在数据透视表的工作表中添加数据透视图。

（2）在创建好的数据透视图中，单击 姓名 按钮，在打开的下拉列表框中单击选中"全部"复选框，单击 确定 按钮，即可在数据透视图中看到所有员工的数据求和项。

任务三 制作销售分析图表

（一）图表的类型

图表是 Excel 重要的数据分析工具，在 Excel 中提供了多种图表类型，包括柱形图、条形图、折线图和饼图等。

（二）使用图表的注意事项

在制作图表的过程中，要牢记制作出的图表除了必要因素外，还需让人一目了然。

（三）创建图表

（1）打开素材文件，选择 A3:F15 单元格区域，在【插入】/【图表】组中单击"柱形图"按钮，在打开的下拉列表的"二维柱形图"栏中选择"簇状柱形图"选项。

（2）此时即可在当前工作表中创建一个柱形图，图表中显示了各公司每月的销售情况。将鼠标指针指向图表中的某一系列，即可查看该系列对应的分公司在该月的销售数据。

（3）在【设计】/【位置】组中单击"移动图表"按钮，打开"移动图表"对话框，单击选中"新工作表"单选项，在文本框中输入工作表的名称，单击 确定 按钮。

（4）此时图表将移动到新工作表中，同时图表将自动调整为适合工作表区域的大小。

（四）编辑图表

（1）选择创建好的图表，在图表工具的【设计】/【数据】组中单击"选择数据"按钮，打开"选择数据源"对话框，单击"图表数据区域"文本框右侧的按钮。

（2）对话框将折叠，在工作表中选择 A3:E15 单元格区域，单击按钮打开"选择数据源"对话框，在"图例项（系列）"和"水平（分类）轴标签"列表框中即可看到修改的数据区域。

（3）单击 确定 按钮，返回图表，即可看出图表显示序列发生的变化。

（4）在【设计】/【类型】组中单击"更改图表类型"按钮，打开"更改图表类型"对话框，在左侧的列表框中单击"条形图"选项卡，在右侧列表框的"条形图"栏中选择"三维簇状条形图"选项，单击 确定 按钮。

（5）更改所选图表的类型与样式，更换后，图表中展现的数据并不会发生变化。

（6）在【设计】/【图表样式】组中单击"快速样式"按钮，在打开的下拉列表框中选择"样式 42"选项，此时即可更改所选图表样式。

（7）在【设计】/【图表布局】组中单击"快速布局"按钮，在打开的下拉列表框中选择"布局 5"选项，可更改所选图表的布局为同时显示数据表与图表。

（8）在图表区中单击任意一条绿色数据条，Excel 将自动选中图表中所有的该数据系列，在【格式】/【图表样式】组中单击"其他"按钮 。

（9）在打开的下拉列表框中选择"强烈效果-橙色，强调颜色 6"选项，图表中该序列的样式亦随之发生变化，在"当前所选内容"组中的下拉列表框中选择"水平（值）轴 主要网格线"选项，在"形状样式"组的列表框中选择一种网格线的样式，这里选择"粗线-强调颜色 3"选项。

（10）在图表空白处单击选择整个图表，在"形状样式"组中单击 形状填充 按钮，在打开的下拉列表中选择【纹理】/【绿色大理石】选项，完成图表样式的设置。

（11）在【布局】/【标签】组中单击"图表标题"按钮 ，在打开的下拉列表中选择"图表上方"选项，此时在图表上方显示图表标题文本框，单击后输入图表标题内容，这里输入"2015 销售分析表"。

（12）在"标签"组中单击"坐标轴标题"按钮 ，在打开的下拉列表中选择【主要纵坐标轴标题】/【竖排标题】选项。

（13）在水平坐标轴下方显示出坐标轴标题框，单击后输入"销售月份"，在"标签"组中单击"图例"按钮 ，在打开的下拉列表中选择"在右侧覆盖图例"选项，即可将图例显示在图表右侧并不改变图表的大小。

（14）在"标签"组中单击"数据标签"按钮 ，在打开的下拉列表中选择"显示"选项，即可在图表的数据序列上显示数据标签。

（五）使用趋势线

（1）在【设计】/【类型】组中单击"更改图表类型"按钮 ，打开"更改图表类型"对话框，在左侧的列表框中单击"柱形图"选项卡，在右侧列表框的"柱形图"栏中选择"簇状柱形图"选项，单击 确定 按钮。

（2）在图表中单击需要设置趋势线的数据系列。在【布局】/【分析】组中单击"趋势线"按钮 ，在打开的下拉列表中选择"双周期移动平均"选项，添加趋势线，右侧的图例下方将显示出趋势线信息。

（六）插入迷你图

（1）选择 B16 单元格，在【插入】/【迷你图】组中单击"折线图"按钮 ，打开"创建迷你图"对话框，在"选择所需数据"栏的"数据范围"文本框中输入数据区域"B4:B15"，单击 确定 按钮即可看到插入的迷你图。

（2）选择 B16 单元格，在【设计】/【显示】组中单击选中"高点"和"低点"复选框，在"样式"组中单击"标记颜色"按钮 ，在打开的下拉列表中选择【高点】/【红色】选项。

（3）使用相同的方法将低点设置为"绿色"，拖动单元格控制柄为其他数据序列快速创建迷你图。

项目五 PowerPoint 2010 演示文稿的制作

实验一 PowerPoint 2010 基本操作

任务一 制作工作总结演示文稿

（一）熟悉 PowerPoint 2010 工作界面

选择【开始】/【所有程序】/【Microsoft Office】/【Microsoft PowerPoint 2010】命令或双击计算机磁盘中保存的 PowerPoint 2010 演示文稿文件（其扩展名为.pptx）即可启动 PowerPoint 2010，并打开 PowerPoint 2010 工作界面，如图 1-5-1 所示。

图 1-5-1

（二）认识演示文稿与幻灯片

演示文稿和幻灯片是相辅相成的两个部分，演示文稿由幻灯片组成，每张幻灯片又有自己独立表达的主题，是包含与被包含的关系。

（三）认识 PowerPoint 视图

PowerPoint 2010 提供了 5 种视图模式：普通视图、幻灯片浏览视图、幻灯片放映视图、阅读视图和备注页视图。在工作界面下方的状态栏中单击相应的视图切换按钮或在【视图】/【演示文稿视图】组中单击相应的视图切换按钮即可进行切换。

（四）演示文稿的基本操作

1．新建演示文稿

启动 PowerPoint 2010 后，选择【文件】/【新建】命令，将在工作界面右侧显示所有与演示文稿新建相应的选项。

2．打开演示文稿

● 打开演示文稿的一般方法。启动 PowerPoint 2010 后，选择【文件】/【打开】命令或按【Ctrl+O】组合键，打开"打开"对话框，在其中选择需要打开的演示文稿，单击 打开(O) ▾ 按钮。

● 打开最近使用的演示文稿。选择【文件】/【最近所用文件】命令，在打开的页面中将显示出最近使用的演示文稿名称和保存路径，然后选择需打开的演示文稿即可。

● 以只读方式打开演示文稿。选择【文件】/【打开】命令，单击 打开(O) ▾ 按钮右侧的下拉按钮 ▾ ，在弹出的下拉列表框中选择"以只读方式打开"选项。

● 以副本方式打开演示文稿。在打开的"打开"对话框中选择需打开的演示文稿后，单击 打开(O) ▾ 按钮右侧的下拉按钮 ▾ ，在打开的下拉列表框中选择"以副本方式打开"选项，在打开的演示文稿"标题"栏中将显示"副本"字样。

3．保存演示文稿

● 直接保存演示文稿。选择【文件】/【保存】命令或单击快速访问工具栏中的"保存"按钮 ，打开"另存为"对话框，选择保存位置并输入文件名后，单击 保存(S) 按钮。当执行过一次保存操作后，再次选择【文件】/【保存】命令或单击 "保存"按钮 ，可直接保存。

● "另存为"演示文稿。选择【文件】/【另存为】命令，打开"另存为"对话框，设置保存的位置和文件名，单击 保存(S) 按钮。

● 将演示文稿保存为模板。选择【文件】/【保存】命令，打开"另存为"对话框，在"保存类型"下拉列表框中选择"PowerPoint 模板"选项，单击 保存(S) 按钮。

● 保存为低版本演示文稿。在"另存为"对话框的"保存类型"下拉列表框中选择"PowerPoint 97 – 2003 演示文稿"选项。

● 自动保存演示文稿。选择【文件】/【选项】命令，打开"PowerPoint 选项"对话框，选择"保存"选项卡，在"保存演示文稿"栏中选中两个复选框，然后在"自动恢复文件位置"文本框中输入文件未保存就关闭时的临时保存位置，单击 确定 按钮。

4．关闭演示文稿

● 单击按钮关闭。单击 PowerPoint 2010 工作界面标题栏右上角的 x 按钮，关闭演示文稿并退出 PowerPoint 程序。

● 通过快捷菜单关闭。在 PowerPoint 2010 工作界面标题栏上单击鼠标右键，在弹出的快捷菜单中选择"关闭"命令。

● 通过命令关闭。选择【文件】/【关闭】命令，关闭当前演示文稿。

（五）幻灯片的基本操作

1．新建幻灯片

● 通过快捷菜单。在工作界面左侧的"幻灯片"浏览窗格中需要新建幻灯片的位置，单击鼠标右键，在弹出的快捷菜单中选择"新建幻灯片"命令。

● 通过选项卡。选择【开始】/【幻灯片】组，单击"新建幻灯片"按钮下的下拉按钮，在打开的下拉列表框中选择新建幻灯片的版式，将新建一张带有版式的幻灯片。

● 通过快捷键。在幻灯片窗格中，选择任意一张幻灯片的缩略图，按【Enter】键将在选择的幻灯片后新建一张与所选幻灯片版式相同的幻灯片。

2．选择幻灯片

● 选择单张幻灯片。在"幻灯片/大纲"浏览窗格或"幻灯片浏览"视图中，单击幻灯片缩略图。

● 选择多张相邻的幻灯片。在"大纲/幻灯片"浏览窗格或"幻灯片浏览"视图中，单击要连续选择的第 1 张幻灯片，按住【Shift】键不放，再单击需选择的最后一张幻灯片，释放【Shift】键后两张幻灯片之间的所有幻灯片均被选择。

● 选择多张不相邻的幻灯片。在"大纲/幻灯片"浏览窗格或"幻灯片浏览"视图中，单击要选择的第 1 张幻灯片，按住【Ctrl】键不放，再依次单击需选择的幻灯片。

● 选择全部幻灯片。在"大纲/幻灯片"浏览窗格或"幻灯片浏览"视图中，按【Ctrl+A】组合键，可选择全部幻灯片。

3．移动和复制幻灯片

● 通过鼠标拖动。选择需移动的幻灯片，按住鼠标左键不放拖动到目标位置后释放鼠标完成移动操作；选择幻灯片后，按住【Ctrl】键的同时拖动到目标位置也可实现幻灯片的复制。

● 通过菜单命令。选择需移动或复制的幻灯片，在其上单击鼠标右键，在弹出的快捷菜单中选择"剪切"或"复制"命令。将鼠标定位到目标位置，单击鼠标右键，在弹出的快捷菜单中选择"粘贴"命令，完成幻灯片的移动或复制。

● 通过快捷键。选择需移动或复制的幻灯片，按【Ctrl+X】组合键（移动）或【Ctrl+C】组合键（复制），然后在目标位置按【Ctrl+V】组合键，完成移动或复制操作。

4．删除幻灯片

选择需删除的一张或多张幻灯片后，按【Delete】键或单击鼠标右键，在弹出的快捷菜单中选择"删除幻灯片"命令。

（六）新建幻灯片并输入文本

（1）新建的演示文稿有一张标题幻灯片，在"单击此处添加标题"占位符中单击，其文本框中的文字将自动消失，切换到中文输入法输入文本。

（2）在副标题占位符中单击，然后输入文本。

（3）"幻灯片"浏览窗格中将鼠标光标定位到标题幻灯片后，选择【开始】/【幻灯片】组，单击"新建幻灯片"按钮下的下拉按钮，在打开的列表框中选择"内容与标题"选项。

（4）在标题幻灯片后新建一张"内容与标题"版式的幻灯片，在各占位符中输入文本，按【Enter】键对文本进行分段。

（七）文本框的使用

（1）选择【插入】/【文本】组，单击"文本框"按钮 下的下拉按钮 ，在打开的列表框中选择"横排文本框"选项。

（2）此时鼠标光标变为↓形状，移动鼠标光标到幻灯片右上角时单击，输入文本即可。

（八）复制并移动幻灯片

（1）选择第 1 张幻灯片，按【Ctrl+C】组合键，然后在需复制到的位置处，按【Ctrl+V】组合键，复制第 1 张幻灯片。

（2）选择第 4 张幻灯片，按住鼠标不放，拖动到第 6 张幻灯片后释放鼠标，此时第 4 张幻灯片将移动到第 6 张幻灯片后。

（九）编辑文本

（1）选择文本，按住鼠标不放，此时鼠标光标变为 形状，拖动鼠标到其他文本前，可移动文本。

（2）选择文本，按【Ctrl+C】组合键或在选择的文本上单击鼠标右键，在弹出的快捷菜单中选择"复制"命令。将鼠标光标移动到目标位置，按【Ctrl+V】组合键或在选择的文本上单击鼠标右键，在弹出的快捷菜单中选择"粘贴"命令，即可复制文本。

（3）将鼠标光标定位到需删除的文本前，按【Delete】键可删除后面多余的文字。选择文本，按【Delete】键或【Backspace】键，可直接删除所选文本

（4）选择文本，然后直接输入正确的文本，将在删除原有文本的基础上修改成新文本。

任务二　编辑产品上市策划演示文稿

（一）幻灯片文本设计原则

文本是制作演示文稿最重要的元素之一，不仅要求设计美观，还要符合演示文稿的需求。例如，根据演示文稿的类型设置文本的字体，以及根据观众更易查看，设置相对较大的字号等。

1．字体设计原则

● 幻灯片标题字体最好选用更容易阅读的较粗的字体。正文使用比标题更细的字体，以区分主次。

● 在搭配字体时，标题和正文尽量选用常用字体，而且还要考虑标题字体和正文字体的搭配效果。

● 如果要在演示文稿中使用英文字体，可选择 Arial 与 Times New Roman 两种英文字体。

● PowerPoint 不同于 Word，其正文内容不宜过多，正文中只列出较重点的标题即可。

● 在商业、培训等较正式的场合，其字体可使用较正规的字体，如标题使用方正粗宋简体、黑体和方正综艺简体等，正文可使用微软雅黑、方正细黑简体和宋体等；在一些相对较轻松的场合，其字体可更随意一些，如方正粗倩简体、楷体（加粗）和方正卡通简体等。

2．字号设计原则

● 如果演示的场合较大，观众较多，那么幻灯片中的字体就应该越大，要保证最远的位

置都能看清幻灯片中的文字。此时，建议标题使用36以上的字号，正文使用28以上的字号。为了保证观众更易查看，一般情况下，演示文稿中的字号不应小于20。

● 同类型和同级别的标题和文本内容要设置同样大小的字号，这样可以保证内容的连贯性，让观众更容易地把信息归类，也更容易理解和接受信息。

（二）幻灯片对象布局原则

幻灯片中除了文本之外，还包含图片、形状和表格等对象，在幻灯片中合理使用这些元素，将这些元素有效地布局在各张幻灯片中，不仅可以使演示文稿更美观，还能提高演示文稿的说服力，达到应有的效果。

（三）设置幻灯片中的文本格式

（1）选择【文件】/【打开】命令打开"打开"对话框，选择需要打开的演示文稿，单击 [打开(O)] 按钮。

（2）选择幻灯片中的正文文本，按【Tab】键，选择的文本将降低一个等级。

（3）选择文本，选择【开始】/【字体】组，在"字体"下拉列表框中和"字号"下拉列表框中分别设置字体和字号。

（4）选择文本，选择【开始】/【剪贴板】组，单击"格式刷"按钮 [✔]，此时鼠标光标变为 [▲I] 形状。使用鼠标拖动选择其他文本，可将所选文本格式复制到当前文本中。

（5）选择文本，选择【开始】/【字体】组，单击"字体颜色"按钮 [▲] 后的下拉按钮 [▼]，在打开的颜色列表中选择设置的文本颜色。

（四）插入艺术字

（1）选择【插入】/【文本】组，单击"艺术字"按钮 [A] 下的下拉按钮 [▼]，在打开的列表中选择艺术字效果。

（2）将出现一个艺术字占位符，在"请在此放置您的文字"占位符中单击，输入文本。

（3）将鼠标光标移动到艺术字四周的非控制点上，鼠标光标变为 [⇖] 形状，按住鼠标不放，拖动鼠标至幻灯片上方顶部，移动艺术字。

（4）选择艺术字，选择【开始】/【字体】组，在字体下拉列表框中选择所需选项，修改艺术字的字体。选择【格式】/【艺术字样式】组，单击 [▲ 文本填充 ▼] 按钮，在打开的下拉列表中可设置艺术字填充效果，如选择"图片"选项，打开"插入图片"对话框，选择需要填充到艺术字的图片，单击 [插入(S) ▼] 按钮，可用图片填充艺术字。

（5）选择【格式】/【艺术字样式】组，单击 [A 文本效果 ▼] 按钮，在打开的列表中可设置和查看艺术字文本效果。

（五）插入图片

（1）选择幻灯片，选择【插入】/【图像】组，单击"图片"按钮 [▦]。打开"插入图片"对话框，在其中选择需要的图片，单击 [插入(S)] 按钮。返回 PowerPoint 工作界面即可看到插入图片后的效果。将鼠标光标移动到图片四角的圆形控制点上，拖动鼠标可调整图片大小。

（2）选择图片，将鼠标光标移到图片任意位置，当鼠标光标变为 [✛] 形状时，拖动鼠标可调整图片位置。

（3）将鼠标光标移动到图片上方的绿色控制点上，当鼠标光标变为 [↻] 形状时，拖动鼠标可旋转图片。

（4）选择图片，选择【格式】/【调整】组，单击"删除背景"按钮▉，可设置需删除的图片背景。

（5）在"背景消除"选项卡中单击"关闭"组的"保留更改"按钮✓，可确认删除。

（6）选择【格式】/【图片样式】组，单击◎图片效果▾按钮，在打开的列表中可设置图片效果。

（7）单击占位符中的"剪贴画"按钮▦，打开"剪贴画"窗格，在"搜索文字"文本框中不输入任何内容（表示搜索所有剪贴画），选中☑包括 Office.com 内容复选框后，单击 搜索 按钮，在下方的列表框中选择需插入的剪贴画，可将剪贴画插入幻灯片的占位符中。

（六）插入 SmartArt 图形

（1）在"幻灯片"浏览窗格中选择幻灯片，单击占位符中的"插入 SmartArt 图形"按钮▦。

（2）打开"选择 SmartArt 图形"对话框，在其中选择 SmartArt 图形，单击 确定 按钮。

（3）在 SmartArt 图形中可输入文本。选择 SmartArt 图形中的一个形状，单击鼠标右键，在弹出的快捷菜单中选择【添加形状】/【在后面添加形状】命令，可添加一个形状，在该形状上单击鼠标右键，在弹出的快捷菜单中选择"编辑文字"选项，可输入文本。

（4）选择【设计】/【SmartArt 样式】组，在中间的列表框可设置 SmartArt 图形的样式。

（5）选择【格式】/【艺术字样式】组，在中间的列表框中可设置 SmartArt 图形的文本格式。

（七）插入形状

（1）选择幻灯片，选择【插入】/【插图】组，单击"形状"按钮▣，在打开的列表中选择一个形状选项，此时鼠标光标变为＋形状，在幻灯片中拖动鼠标即可绘制一个形状。

（2）在绘制的形状上单击鼠标右键，在弹出的快捷菜单中选择"编辑文字"选项，可输入文本。

（3）选择形状，单击鼠标右键，在弹出的快捷菜单中选择"设置形状格式"命令，在打开的"设置形状格式"对话框中可对形状的填充、线条、阴影、映象和三维效果等进行设置。

（4）选择形状，选择【格式】/【形状样式】组，在中间的列表框为形状快速应用样式。

（5）同时选择多个形状，单击鼠标右键，在弹出的快捷菜单中选择【组合】/【组合】命令，可将其组合起来。

（八）插入表格

（1）选择幻灯片，单击占位符中的"插入表格"按钮▦，打开"插入表格"对话框，在"列数"数值框和"行数"数值框中输入数值，单击 确定 按钮。

（2）在幻灯片中插入一个表格，分别在各单元格中输入表格内容。

（3）将鼠标光标定位到表格中的任意位置后单击，此时表格四周将出现一个操作框，将鼠标光标移动到操作框上，鼠标光标变为▨形状，按住【Shift】键不放的同时向下拖动鼠标，平行移动表格。

（4）将鼠标光标移动到表格操作框下方中间的控制点处，当鼠标光标变为↕形状时，拖动鼠标，调整表格各行的行距。

（5）将鼠标光标移动到某列上方后，当鼠标光标变为↓形状时单击，选择此列，在选择的区域中单击鼠标右键，在弹出的快捷菜单中选择【插入】/【在右侧插入列】命令，可插入一列表格。

（6）在"第三个月"列后面插入一个新列，输入"季度总计"的内容。

（7）选择多个单元格，选择【布局】/【合并】组，单击"合并单元格"按钮▦，可合并所选单元格。

（8）选择【设计】/【表格样式】组，单击 ▧底纹·按钮，在打开的下拉列表中可为表格设置底纹。

（9）选择【设计】/【绘图边框】组，在其中可设置边框线型及其粗细，单击 ✎笔颜色·按钮，在打开的列表中选可设置边框颜色。

（10）单击"绘制表格"按钮▨，鼠标光标变为 ⌀形状，移动鼠标光标到第一个单元格，从左上角到右下角按住鼠标不放，绘制一个斜线表头。

（11）选择整个表格，选择【设计】/【表格样式】组，单击 ◠效果·按钮，在打开的列表中可设置表格样式。

（九）插入媒体文件

（1）选择第 1 张幻灯片，选择【插入】/【媒体】组，单击"音频"按钮◖，在打开的列表中选择"文件中的音频"选项。

（2）打开"插入音频"对话框，在上方的下拉列表框中选择背景音乐的存放位置，在中间的列表框中选择背景音乐，单击 插入(S)按钮。

（3）此时，系统将自动在幻灯片中插入一个声音图标◖，选择该声音图标，将激活音频工具，选择【播放】/【预览】组，单击"播放"按钮▶，将在 PowerPoint 中播放插入的音乐。

（4）选择【播放】/【音频选项】组可设置音频属性，例如单击选中"放映时隐藏"复选框，单击选中"循环播放，直到停止"复选框，在"开始"下拉列表框中选择"跨幻灯片播放"选项。

实验二　设置并放映演示文稿

任务一　设置市场分析演示文稿

（一）认识母版

在 PowerPoint 中存在 3 种母版，分别是幻灯片母版、讲义母版和备注母版。

（二）认识幻灯片动画

幻灯片动画有 2 种类型，一种是幻灯片切换动画，另一种是幻灯片对象动画。这 2 种动画都是在幻灯片放映时才能看到并生效的。幻灯片切换动画是指放映幻灯片时幻灯片进入及离开屏幕时的动画效果；幻灯片对象动画是指为幻灯片中添加的各对象设置动画效果，多种不同的对象动画组合在一起可形成复杂而自然的动画效果，PowerPoint 主要提供进入、退出、强调和路径 4 种对象动画。

（三）应用幻灯片主题

（1）打开演示文稿，选择【设计】/【主题】组，在中间的列表框中选择主题选项，为演示文稿应用主题。

（2）选择【设计】/【主题】组，单击 效果 按钮，可在打开的下拉列表中设置主题效果。

（3）选择【设计】/【主题】组，单击 颜色 按钮，在打开的下拉列表中可设置主题颜色。

（四）设置幻灯片背景

（1）选择标题幻灯片，在幻灯片的空白处单击鼠标右键，在弹出的快捷菜单中选择"设置背景格式"命令。

（2）打开"设置背景格式"对话框，选择"填充"选项卡，单击选中"图片或纹理填充"按钮，在"插入自"栏中单击 文件(F)... 按钮。

（3）打开"插入图片"对话框，选择图片的保存位置，在中间插入"首页背景"选项，单击 插入(S) 按钮。

（4）返回"设置背景格式"对话框，单击选中"隐藏背景图片"复选框，单击 关闭 按钮。

（五）制作并使用幻灯片母版

（1）选择【视图】/【母版视图】组，单击"幻灯片母版"按钮 ，进入幻灯片母版编辑状态。

（2）选择第1张幻灯片母版，表示在该幻灯片下的编辑将应用于整个演示文稿，选择【开始】/【字体】组，可设置文本字体和字号。

（3）选择【插入】/【图像】组，单击"图片"按钮 ，打开"插入图片"对话框，选择图片，单击 插入(S) 按钮，可插入图片。

（4）选择【格式】/【调整】组，单击"删除背景"按钮 ，可编辑图片背景。

（5）选择【插入】/【文本】组，单击"艺术字"按钮 下的下拉按钮 ，可选择插入的艺术字样式。

（6）选择【插入】/【文本】组，单击"页眉和页脚"按钮 。打开"页眉和页脚"对话框。选择"幻灯片"选项卡，单击选中"日期和时间"复选框，其中的单选项将自动激活，再单击选中"自动更新"单选项，即在每张幻灯片下方显示日期和时间，并且每次根据打开的日期的不同而自动更新日期。单击选中"幻灯片编号"复选框，将根据演示文稿幻灯片的顺序显示编号。单击选中"页脚"复选框，下方的文本框将自动激活，在其中可设置页脚内容。

（7）单击选中"标题幻灯片中不显示"复选框，所有的设置都不在标题幻灯片中生效。

（8）选择【幻灯片母版】/【关闭】组，单击"退出幻灯片母版视图"按钮 ，退出母版视图。

（六）设置幻灯片切换动画

（1）在"幻灯片"浏览窗格中按【Ctrl+A】组合键，选择演示文稿中的所有幻灯片，选择【切换】/【切换到此张幻灯片】组，在中间的列表框中选择幻灯片切换的声音。

（2）选择【切换】/【计时】组，在 声音 后的下拉列表框中设置切换动画的声音效果。

（3）选择【切换】/【计时】组，设置切换方式。这里在"换片方式"栏下单击选中"单击鼠标时"复选框，表示在放映幻灯片时，单击鼠标将进行切换操作。

（七）设置幻灯片动画效果

（1）选择第一张幻灯片的标题，选择【动画】/【动画】组，在其中的列表框中选择"浮入"动画效果。

（2）选择副标题，选择【动画】/【高级动画】组，单击"添加动画"按钮★，在打开的列表中选择"更多进入效果"选项。

（3）打开"添加进入效果"对话框，选择"温和型"栏的"基本缩放"选项，单击 确定 按钮。

（4）选择【动画】/【动画】组，单击"效果选项"按钮✖，在打开的下拉列表中选择"从屏幕底部缩小"选项，修改动画效果。

（5）继续选择副标题，选择【动画】/【高级动画】组，单击"添加动画"按钮★，在打开的列表中选择"强调"组中的"对象颜色"选项。

（6）选择【动画】/【动画】组，单击"效果选项"按钮✖，在打开的列表中选择"红色"选项。

（7）选择【动画】/【高级动画】组，单击 动画窗格 按钮，在工作界面右侧将增加一个窗格，其中会显示当前幻灯片中所有对象已设置的动画。

（8）选择第 3 个选项，选择【动画】/【计时】组，在"开始"下拉列表框中选择"上一动画之后"选项，在"持续时间"数值框中输入"01:00"，在"延迟"数值框中输入"00:50"。

（9）选择动画窗格中的第一个选项，按住鼠标不放，将其拖动到最后，调整动画的播放顺序。

（10）在调整后的最后一个动画选项上单击鼠标右键，在弹出的快捷菜单中选择"效果选项"选项。

（11）打开"上浮"对话框，在"声音"下拉列表框中选择"电压"选项，单击其后的◀按钮，在弹出的列表中拖动滑块，调整音量大小，单击 确定 按钮。

任务二　放映并输出课件演示文稿

（一）幻灯片放映类型

选择【幻灯片放映】/【设置】组，单击"设置幻灯片放映"按钮，打开"设置放映方式"对话框，在"放映类型"栏中选中不同的单选项即可选择相应的放映类型。

（二）幻灯片输出格式

选择【文件】/【另存为】命令，打开"另存为"对话框。在"保存位置"下拉列表框中选择文件的保存位置，在"保存类型"下拉列表中选择需要输出的格式选项，单击 保存(S) 按钮。

（三）创建超链接与动作按钮

（1）打开演示文稿，选择幻灯片，选择正文文本，选择【插入】/【链接】组，单击"超链接"按钮💭。

（2）打开"插入超链接"对话框，单击"链接到"列表框中的"本文档中的位置"按钮🔗，在"请选择文档中的位置"列表框中选择要链接到的幻灯片，单击 确定 按钮。

（3）选择【插入】/【链接】组，单击"形状"按钮🐷，在打开的下拉列表中选择"动画按钮"选项。

（4）此时鼠标光标变为╋形状，在幻灯片右下角空白位置，按住鼠标不放拖动鼠标，绘制一个动作按钮。

（5）自动打开"动作设置"对话框，选中"超链接到"单选项，在下方的下拉列表框中选择所需选项，如选择"幻灯片"选项。

（6）打开"超链接到幻灯片"对话框，选择第二个选项，依次单击 确定 按钮，使超链接生效。

（四）放映幻灯片

（1）选择【幻灯片放映】/【开始放映幻灯片】组，单击"从头开始"按钮🐷，进入幻灯片放映视图。

（2）将从演示文稿的第 1 张幻灯片开始放映，单击鼠标依次放映下一个动画或下一张幻灯片。

（3）将鼠标指针移动到超链接文本上，此时鼠标指针变为👆形状，单击鼠标，将其切换到超链接的目标幻灯片，此时可使用前面的方法单击鼠标进行幻灯片的放映。在幻灯片上单击鼠标右键，在弹出的快捷菜单中选择"上次查看过的"命令。

（4）在幻灯片上单击鼠标右键，在弹出的快捷菜单中选择【指针选项】/【墨迹颜色】/【红色】命令，设置标记颜色。再次单击鼠标右键，在弹出的快捷菜单中选择【指针选项】/【荧光笔】命令，选择标记笔样式。

（5）此时鼠标指针变为✏形状，拖动鼠标不放标记重要的内容。

（6）结束或退出放映时，将提示是否保留标记痕迹的对话框，单击 放弃(D) 按钮，将删除标注。

（五）隐藏幻灯片

（1）在"幻灯片"浏览窗格中选择幻灯片，选择【幻灯片放映】/【设置】组，单击"隐藏幻灯片"按钮🖼，隐藏幻灯片。

（2）在"幻灯片"浏览窗格中，隐藏的幻灯片编号上将出现叉标志🔲，选择【幻灯片放映】/【开始放映幻灯片】组，单击"从头开始"按钮🐷，开始放映幻灯片，此时隐藏的幻灯片不会放映出来。

（六）排练计时

（1）选择【幻灯片放映】/【设置】组，单击"排练计时"按钮🕙。进入放映排练状态，同时打开"录制"工具栏并自动为该幻灯片计时。

（2）可通过单击鼠标或按【Enter】键控制幻灯片中下一个动画出现的时间。如果用户确认该幻灯片的播放时间，可直接在"录制"工具栏的时间框中输入时间值。

（3）一张幻灯片播放完成后，单击鼠标切换到下一张幻灯片，"录制"工具栏中的时间将从头开始，为该张幻灯片的放映进行计时。

（4）放映结束后，打开提示对话框，提示排练计时时间，并询问是否保留幻灯片的排练时间，单击 是(Y) 按钮进行保存。

（5）打开"幻灯片浏览"视图，在每张幻灯片的左下角将显示幻灯片的播放时间。

（七）打印演示文稿

（1）选择【文件】/【打印】命令，在窗口右侧的"份数"数值框中输入打印份数。

（2）在"打印机"下拉列表框中选择与计算机相连的打印机。

（3）在幻灯片的布局下拉列表框中可根据需要选择打印方式"幻灯片加框"和"根据纸张调整大小"等命令。

（八）打包演示文稿

（1）选择【文件】/【保存并发送】命令，在工作界面右侧的"文件类型"栏中选择"将演示文稿打包成 CD"选项，然后单击"打包成 CD"按钮 。

（2）打开"打包成 CD"对话框，单击 复制到文件夹(F)... 按钮，打开"复制到文件夹"对话框，在"文件夹名称"文本框中输入"课件"，在"位置"文本框中输入打包后的文件夹的保存位置，单击 确定 按钮。

（3）如果打开的对话框提示由于演示文稿中存在链接，是否保存链接文件，单击 是(Y) 按钮。稍微等待后即将演示文稿打包成文件夹。

项目六
Internet 的探索

实验　计算机网络基础与应用

任务一　计算机网络基础知识

（一）认识计算机网络

计算机网络是以能够相互共享资源的方式而连起来的各台计算机系统的集合。构成计算机网络有 4 点要求，分别是计算机相互独立、通信线路相连接、采用统一的网络协议和资源共享。

（二）计算机网络的发展

计算机网络从形成初期到现在，大致可以分为 4 个阶段。第一代计算机网络（20 世纪 50 年代）、第二代计算机网络（20 世纪 60 年代）、第三代计算机网络（20 世纪 70 年代中期开始）和第四代计算机网络（从 20 世纪 90 年代开始）。

（三）数据通信的概念

计算机技术和通信技术相结合，从而成为了一门新的技术——"数据通信"技术，数据通信指在两台计算机之间或一个计算机与终端之间进行信息交换传输数据。数据通信设计的内容包括信道、模拟信号和数字信号、调制与解调、带宽与传输速率 、丢包和误码率。

（四）网络的类别

根据覆盖的地域范围与规模，计算机网络可以分为 3 类，分别是局域网（local area network，LAN）、城域网（metropolitan area network，MAN）与广域网（wide area network，WAN）。

（五）网络的拓扑结构

拓扑结构是决定通信网络性质的关键要素之一。计算机网络拓扑结构是组建各种网络的基础。不同的网络拓扑结构涉及不同的网络技术，对网络性能、系统可靠性与通信费用都有重要的影响。网络拓扑结构分为星状拓扑结构、树状拓扑结构、网状拓扑结构、总线拓扑结构、环状拓扑结构 5 种。

（六）网络中的硬件

要形成一个进行信号传输的网络，必须有硬件设备的支持。由于网络的类型不一样，使用的硬件设备可能有所差别，网络中硬件设备有传输介质、网卡、交换机、路由器和无线路由器等。

（七）网络中的软件

与硬件相对的是软件，要在网络中实现资源共享以及一些需要的功能就必须有软件的支持。网络软件一般是指网络操作系统、网络通信协议和应用级的提供网络服务功能的专用软件。

（八）无线局域网

随着技术的发展，无线局域网已逐渐代替有线局域网，成为现在家庭、小型公司主流的局域网组建方式。无线局域网是（wireless local area networks，WLAN）利用射频技术，使用电磁波取代双绞线等所构成的局域网络。

任务二　Internet 基础知识

（一）认识 Internet 与万维网

Internet（因特网）和万维网是两种不同类型的网络。Internet 俗称互联网，也称国际互联网，它是一个全球最大、连接能力最强、开放的由遍布全世界的众多的网络相互连接而成的计算机网络。万维网即 WWW（world wide web），又称环球信息网、环球网、全球浏览系统等，是一种基于超文本的、方便用户在 Internet 上搜索和浏览信息的信息服务系统。

（二）了解 TCP/IP 协议

"TCP/IP 协议"是 Internet 最基本的协议，它译为传送控制协议/网际协议，又名网络通信协议，也是 Internet 国际互联网络的基础。TCP/IP 协议共分为 4 层，分别是网络访问层、互联网层、传送层（也称传输层）和应用层。

（三）认识 IP 地址和域名系统

IP 地址即网络协议地址。连接在 Internet 上的每台主机都有一个在全世界范围唯一的 IP 地址。一个 IP 地址由 4 个字节（32bit）组成，分成两部分。第一部分是网络号，第二部分是主机号。数字形式的 IP 地址难以记忆，故在实际使用时常采用字符形式来表示 IP 地址，即域名系统 DNS（domain name system）。域名系统由若干子域名构成，子域名之间用小数点的圆点来分隔。

（四）连入 Internet

用户的计算机要连入 Internet，一般都是通过联系 Internet 服务提供商（ISP），对方派专人根据当前的实际情况进行查看和连接后，进行 IP 地址分配、网关及 DNS 设置等，从而实现上网。总体说来，连入 Internet 主要有 ADSL 拨号上网和光纤宽带上网 2 种。

任务三　应用 Internet

（一）Internet 应用的相关概念

与 Internet 应用相关的概念包括浏览器、URL、超链接和 FTP 等。

（二）认识 IE 浏览器窗口

IE 浏览器是目前主流的浏览器，在 Windows 7 操作系统中双击桌面上的 Internet Explorer 图标 或单击"开始"按钮 ，在打开的下拉列表中选择【所有程序】/【Internet Explorer】命令启动该程序。

（三）电子邮箱和电子邮件

1．认识电子邮箱地址

电子邮箱的格式是 user@mail.server.name，其中，user 是用户账号，mail.server.name 是电子邮件服务器名，@符号用于连接前后两部分。

2．电子邮件的专有名词

电子邮件经常会使用的专有名词如收件人、抄送、暗送、主题、附件和正文等。

（四）流媒体

实现流媒体需要两个条件，一是传输协议，二是缓存。

（五）使用 IE 浏览器网上冲浪

1．浏览网页

（1）双击桌面上的 Internet Explorer 图标 启动 IE 浏览器，在上方的地址栏中输入需打开网页网址的关键部分，这里输入"www.163.com"，按【Enter】键，IE 系统自动补足剩余部分，并打开该网页。

（2）在网页中列出了很多信息的目录索引，将鼠标光标移动到某索引词上，鼠标光标变为 形状，单击鼠标。打开索引相关网页，滚动鼠标滚轮可实现网页的上下移动，在该网页中浏览到自己感兴趣的内容超链接后，再次单击鼠标，将在打开的网页中显示具体内容。

2．保存网页中的资料

（1）打开需要保存资料的网页，使用鼠标选择要保存的文字，在选择的文字区域中单击鼠标右键，在弹出的快捷菜单中选择"复制"命令或按【Ctrl+C】组合键。

（2）启动记事本程序或 Word 软件，选择【编辑】/【粘贴】命令或按【Ctrl+V】组合键，将复制的文本粘贴到该软件中。

（3）选择【文件】/【保存】命令，在打开的对话框中进行设置后，将文档保存在计算机中。

（4）在需要保存的图片上单击鼠标右键，在弹出的快捷菜单中选择"图片另存为"命令，打开"保存图片"对话框。

（5）在"保存在"下拉列表框中选择图片保存的位置，在"文件名"文本框中输入要保存的图片文件名，单击 保存(S) 按钮，将图片保存在电脑中。

（6）在当前打开的网页的工具栏中单击 页面(P) ▼ 按钮，在打开的下拉列表中选择"另存为"选项，打开"保存网页"对话框，选择保存网页的地址并设置名称，在"保存类型"下拉列表框中选择"网页，全部"选项，单击 保存(S) 按钮，系统将显示保存进度，保存完毕后即可在所保存的文件夹内找到该网页文件。

3．使用历史记录

（1）在收藏夹栏中单击 ☆ 收藏夹 按钮，在网页左侧打开收藏夹，单击上方的"历史记录"选项卡。

（2）在下方以星期形式列出日期列表，单击星期四展开子列表，列出星期四查看的所有网页文件夹。

（3）单击一个网页文件夹，在下方显示出在该网站查看的所有网页列表，单击网页选项即可在网页浏览窗口中显示该网页内容。

4．使用收藏夹

（1）在地址栏中输入"www.jd.com"，按【Enter】键打开网页，单击收藏夹栏的 ☆ 收藏夹 按钮。

（2）在网页左侧打开收藏夹，单击上方的 ☆ 添加到收藏夹... ▼ 按钮，打开"添加收藏"对话框，在"名称"文本框中输入网页名称，单击 新建文件夹(E) 按钮。

（3）打开"新建文件夹"对话框，在"文件夹名"文本框中输入文件名称，依次单击 创建(A) 按钮和 添加(A) 按钮，完成设置。

（4）再次打开收藏夹，即可发现新建的网页文件夹，单击该文件夹，将显示保存的网页图标，单击即可将其打开。

（六）使用搜索引擎

（1）在地址栏输入"http://www.baidu.com"，按【Enter】键打开"百度"网站首页。

（2）在文本框中输入搜索的关键字，单击 百度一下 按钮。

（3）在打开的网页中将显示搜索结果，单击任意一个超链接即可在打开的网页中查看具体内容。

（七）使用 FTP

（1）启动 IE 浏览器，在地址栏输入 FTP 站点地址"ftp.sjtu.edu.cn"，按【Enter】键，自动补全 FTP 站点地址，打开对应的页面。

（2）依次单击需要查看的各项内容超链接，可在打开的页面中详细查看，在需要下载的超链接上单击鼠标右键，在弹出的快捷菜单中选择"目标另存为"命令。

（3）打开"另存为"对话框，设置保存的位置和名称后，单击 保存(S) 按钮。

（八）下载资源

（1）在 IE 浏览器的地址栏中输入"http://xiazai.zol.com.cn"，按【Enter】键打开 ZOL 软件下载网，在搜索文本框中输入下载的软件名称，单击 搜索 按钮。

（2）打开搜索网页，找到下载地址后，单击 ↓ ZOL本地下载 按钮，打开"文件下载-安全警告"对话框，单击 保存(S) 按钮。

（3）打开"另存为"对话框，设置文件的保存地址和文件名后，单击 保存(S) 按钮。打开"下载进度"对话框，完成下载后，进度对话框将自动关闭。在保存位置可查看下载的资源。

（九）收发电子邮件

1．申请电子邮箱

（1）在 IE 浏览器中输入网页邮箱的网址 mail.163.com，按【Enter】键打开"网易邮箱"网站首页，单击其中的 注册 按钮。

（2）打开注册网页，根据提示输入电子邮箱的地址、密码和验证码等信息，单击 立即注册 按钮，将在打开的网页中提示注册成功。

2．使用 Outlook 收发电子邮件

（1）选择【开始】/【所有程序】/【Microsoft Office】/【Microsoft Outlook 2010】命令，启动该软件，由于是第一次启动，将打开账户配置向导对话框，单击 下一步(N) > 按钮。

（2）打开对话框提示是否进行电子邮箱配置，单击选中"是"单选项，单击 下一步(N) > 按钮。

（3）打开"自动账户设置"对话框，单击选中"手动配置服务器设置或其他服务器类型"单选项，单击 下一步(N) > 按钮。

（4）在打开的对话框中单击选中"Internet 电子邮件"单选项，单击 下一步(N) > 按钮。

（5）在打开对话框中按要求输入用户姓名、电子邮箱地址、接收邮件和发送邮件服务器地址和登录密码等信息，单击 下一步(N) > 按钮。

（6）Outlook 将自动连接用户的电子邮箱服务器进行账户配置，稍候将打开提示对话框提示配置成功，并打开 Outlook 窗口。

（7）选择【新建】/【新建】组，单击"新建电子邮件"按钮 ，打开新建邮件窗口。

（8）在"收件人"和"抄送"文本框中输入接收邮件的用户电子邮箱地址，在"主题"文本框中输入邮件的标题，在下方的窗口中输入邮件的正文内容。

（9）选择【邮件】/【添加】组，单击"添加文件"按钮 。

（10）打开"插入文件"对话框，在其中选择附件文件，单击 插入(S) 按钮。

（11）单击"发送"按钮 ，将书写的邮件内容和附件一起发送给收件人和抄送人。

（12）在 Outlook 窗口选择【发送/接收】/【发送和接收】组，单击"发送/接收所有文件夹"按钮 ，Outlook 将开始接收配置邮箱中的所有邮件，并打开对话框提示接收进度。

（13）接收完成后自动关闭进度对话框，单击 Outlook 窗口左侧的"收件箱"选项，在中间的窗格中将显示所有已收到的电子邮件，单击一个需要阅读的电子邮件标题，将在右侧的窗格中显示该电子邮件内容。

（14）双击电子邮件标题，将在打开的窗口中显示电子邮件的详细内容，阅读完之后，选择【邮件】/【响应】组，单击 答复 按钮。

（15）在打开的窗口中将自动填写收件人电子邮箱地址，输入回复邮件的内容后，单击"发送"按钮 。

（十）即时通信

（1）选择【开始】/【所有程序】/【腾讯软件】/【腾讯 QQ】命令，启动腾讯 QQ 软件，并打开登录窗口，输入 QQ 号码和密码后单击 登录 按钮。

（2）打开 QQ 窗口，在窗口中双击某个需要即时通信的对象。

（3）打开即时通信窗口，在窗口下方输入通信内容，单击 发送(S) 按钮。

（4）此时对方将收到消息，对方回复信息后，状态栏的 QQ 图标将不停闪烁，双击该 QQ

图标，将打开聊天窗口，上方显示了对方回应的通信内容。

（十一）使用流媒体

（1）在 IE 浏览器中打开爱奇艺网 http://www.iqiyi.com，单击首页的"少儿"超链接，打开少儿频道。

（2）依次单击超链接，选择喜欢看的视频文件，这些文件将在网页中的窗口显示。

（3）在窗口右侧还可以选择需要播放的视频文件，在视频播放窗口下方拖动进度条或单击进度条的某一个时间点，可从该时间点开始播放视频文件。在进度条下方有一个时间表，表示当前视频的播放时长和总时长。

（4）单击 ▶ 播放按钮，暂停或播放视频文件。

（5）单击右侧的"全屏"按钮 ▦，将以全屏方式播放视频文件。

项目七
计算机系统维护与安全

实验　计算机维护与安全

任务一　磁盘与系统维护

（一）磁盘维护基础知识

1．认识磁盘分区

一个磁盘由若干个磁盘分区组成，分为主分区和扩展分区。

2．认识磁盘碎片

计算机使用时间长了，磁盘上保存了大量的文件，这些文件并非保存在一个连续的磁盘空间上，而是把一个文件分散存储在许多地方，这些零散的文件称作"磁盘碎片"。由于硬盘读取文件需要在多个碎片之间跳转，所以磁盘碎片会降低硬盘的运行速度，从而降低整个Windows 系统的性能。下载和文件的操作是磁盘碎片产生的主要原因。

（二）系统维护基础知识

常用的系统维护场所一般有"系统配置"窗口、"计算机管理"窗口、任务管理器和注册表。

（三）硬盘分区与格式化

（1）在桌面的"计算机"图标 上单击鼠标右键，在弹出的快捷菜单中选择"管理"命令，打开"计算机管理"窗口。

（2）展开左侧的"存储"目录，选择"磁盘管理"选项，打开磁盘列表窗口，在下面的图表中找到需要划分空间的磁盘，在 E 盘上单击鼠标右键，在弹出的快捷菜单中选择"压缩卷"命令。

（3）打开"压缩"对话框，在"输入压缩空间量"数值框中输入划分出的空间大小，单击 压缩(S) 按钮。

（4）返回"磁盘管理"设置窗口，此时将增加一个可用空间，在该空间上单击鼠标右键，在弹出的快捷菜单中选择"新建简单卷"命令，打开"新建简单卷向导"对话框，单击 下一步(N) > 按钮继续。

（5）打开"指定卷大小"对话框，默认新建分区的大小，单击 $\boxed{\text{下一步(N) >}}$ 按钮，打开"分配驱动器号和路径"对话框，单击选中"分配以下驱动器号"单选项，在其后的下拉列表中选择新建分区的驱动器号，单击 $\boxed{\text{下一步(N) >}}$ 按钮。

（6）打开"格式化分区"对话框，保持默认值，即使用 NTFS 文件格式化，单击 $\boxed{\text{下一步(N) >}}$ 按钮，打开完成向导对话框，单击 $\boxed{\text{完成}}$ 按钮。

（四）清理磁盘

（1）选择【开始】/【控制面板】命令，打开"控制面板"窗口，单击"性能信息和工具"超链接。

（2）在打开窗口左侧单击"打开磁盘清理"超链接，打开"磁盘清理:驱动器选择"对话框，在中间的下拉列表中选择 C 盘，单击 $\boxed{\text{确定}}$ 按钮。

（3）在打开的对话框中提示计算磁盘释放的空间大小，打开 C 盘对应的"磁盘清理"对话框，在"要删除的文件"列表框中选中需要删除文件前面对应的复选框，单击 $\boxed{\text{确定}}$ 按钮。

（4）打开"磁盘清理"提示对话框，询问是否永久删除这些文件，单击 $\boxed{\text{删除文件}}$ 按钮。

（5）系统执行命令，并且打开对话框提示文件的清理进度，完成后将自动关闭该对话框。

（五）整理磁盘碎片

（1）打开"计算机"窗口，在 F 盘上单击鼠标右键，在弹出的快捷菜单中选择"属性"命令。

（2）打开 F 盘对应的属性对话框，单击"工具"选项卡，单击 $\boxed{\text{立即进行碎片整理(D)...}}$ 按钮。

（3）打开"磁盘碎片整理程序"对话框，在中间的列表框中选择 F 盘，单击 $\boxed{\text{磁盘碎片整理(D)}}$ 按钮，系统将先对磁盘进行分析，然后再优化整理。

（4）整理完成后，在"磁盘碎片整理程序"对话框中单击 $\boxed{\text{关闭(C)}}$ 按钮。

（六）检查磁盘

（1）打开"计算机"窗口，在 E 盘上单击鼠标右键，在弹出的快捷菜单中选择"属性"命令。打开"本地磁盘（E:）属性"对话框，单击"工具"选项卡，单击"查错"栏中的 $\boxed{\text{开始检查(C)...}}$ 按钮。

（2）打开"检查磁盘 本地磁盘（E:）"对话框，单击选中"自动修复文件系统错误"和"扫描并尝试恢复坏扇区"复选框，单击 $\boxed{\text{开始(S)}}$ 按钮，程序开始自动检查磁盘逻辑错误。

（3）扫描结束后，系统将打开提示框提示扫描完毕，单击 $\boxed{\text{关闭(C)}}$ 按钮完成磁盘的检查操作。

（七）关闭无响应的程序

（1）按【Ctrl+Shift+Esc】组合键，打开"Windows 任务管理器"窗口。

（2）单击"应用程序"选项卡，选择应用程序列表中无响应的选项，单击 $\boxed{\text{结束任务(E)}}$ 按钮结束程序。

（八）设置虚拟内存

（1）在"计算机"图标 上单击鼠标右键，在弹出的快捷菜单中选择"属性"命令，打开"系统"窗口，单击左侧导航窗格中的"高级系统设置"超链接。

（2）打开"系统属性"对话框的"高级"选项卡，单击"性能"栏的 设置(S)... 按钮。

（3）打开"性能选项"对话框，单击"高级"选项卡，单击"虚拟内存"栏中的 更改(C)... 按钮。

（4）打开"虚拟内存"对话框，撤销选中"自动管理所有驱动器的分页文件大小"复选框，在"每个驱动器的分页文件大小"栏中选择"C："选项。单击选中"自定义大小"单选项，在"初始大小"文本栏中输入相应数值，如"1000"，在"最大值"文本框中输入相应数值，如"5000"，依次单击 设置(S) 按钮和 确定 按钮完成设置。

（九）管理自启动程序

（1）选择【开始】/【运行】命令，打开"运行"对话框，在"打开"文本框中输入"msconfig"，单击 确定 按钮或按【Enter】键。

（2）将打开"系统配置"窗口，单击"启动"选项卡，在中间的列表框中取消选中不随计算机启动的程序前的复选框，单击 应用(A) 按钮和 确定 按钮。

（3）打开对话框提示需要重启计算机使设置生效，单击 重新启动(R) 按钮。

（十）自动更新系统

（1）选择【开始】/【控制面板】命令，打开"所有控制面板项"窗口，单击"Windows Update"超链接，打开"Windows Update"窗口，单击左侧的"更改设置"超链接。

（2）打开"更改设置"窗口，在"重要更新"下拉列表框中选择"自动安装更新"选项，其他项保持默认设置不变，单击 确定 按钮。

（3）返回"Windows 更新"窗口，并自动检查更新，检查更新完成后，将显示需要更新内容的数量，单击"X 个重要更新可用"超链接。

（4）打开"选择要安装的更新"窗口，在其列表框中显示了需要更新的内容，选中需要更新内容前面的复选框，单击 安装 按钮。

（5）系统开始下载更新并显示进度，下载更新文件后，系统开始自动安装更新。

（6）安装完成后，在"Windows 更新"窗口中单击 立即重新启动(R) 按钮，立刻重启计算机，重启后在"Windows 更新"窗口中将提示成功安装更新。

任务二　计算机病毒及其防治

（一）计算机病毒的特点和分类

1．计算机的病毒特点

计算机病毒通常具有破坏性、传染性、隐蔽性和潜伏性 4 种特点。

2．计算机病毒的分类

计算机病毒的分类可根据其病毒名称的前缀判断，一般包括系统病毒、蠕虫病毒、木马病毒、黑客病毒、脚本病毒、宏病毒、后门病毒、病毒种植程序病毒、破坏性程序病毒和捆绑机病毒等。

（二）计算机感染病毒的表现

- 计算机系统引导速度或运行速度减慢，经常无故发生死机。
- Windows 操作系统无故频繁出现错误，计算机屏幕上出现异常显示。
- Windows 系统异常，无故重新启动。
- 计算机存储的容量异常减少，执行命令出现错误。
- 在一些不需要输入密码的时候，要求用户输入密码。
- 不应驻留内存的程序一直驻留在内存。
- 磁盘卷标发生变化，或者不能识别硬盘。
- 文件丢失或文件损坏，文件的长度发生变化。
- 文件的日期、时间和属性等发生变化，文件无法正确执行读取、复制或打开操作。

（三）计算机病毒的防治方法

计算机病毒的防治方法包括切断病毒的传播途径、良好的使用习惯和较高的安全意识。

（四）启用 Windows 防火墙

（1）选择【开始】/【控制面板】命令，打开"所有控制面板项"窗口，单击"Windows 防火墙"超链接。打开"Windows 防火墙"窗口，单击左侧的"打开或关闭 Windows 防火墙"超链接。

（2）打开"自定义设置"窗口，在"专用网络设置"和"公用网络设置"栏中选中 ◉ 启用 Windows 防火墙 单选框，单击 确定 按钮。

（五）使用第三方软件保护系统

（1）安装 360 杀毒软件后，启动计算机的同时默认会自动启动该软件，其图标在状态栏右侧的通知栏中显示，单击状态栏中的"360 杀毒"图标 。

（2）打开 360 杀毒工作界面，选择扫描方式。

（3）程序开始对指定位置的文件进行扫描，将疑似病毒文件，或对系统有威胁的文件都扫描出来，并显示在打开的窗口中。

（4）扫描完成后，单击选中要清理的文件前的复选框，单击 立即处理 按钮，然后在打开的提示对话框中单击 确认 按钮确认清理文件。清理完成后，在打开的对话框中，将提示本次扫描和清理文件的结果，并提示需要重新启动计算机，单击 立即重启 按钮。

（5）单击状态栏中的"360 安全卫士"图标 ，启动 360 安全卫士并打开其工作界面，单击中间的 立即体检 按钮，软件自动运行并扫描计算机中的各个位置。

（6）"360 安全卫士"将检测到的不安全的选项列在窗口中，单击 一键修复 按钮，对其进行清理。

（7）返回 360 工作界面，单击左下角的"查杀修复"按钮 ，在打开界面中单击"快速扫描"按钮 ，将开始扫描计算机中的文件，查看其中是否存在木马文件，如存在木马文件，可根据提示单击按钮进行清除。

第二部分

操作实训

项目一
计算机基本操作

在 E 盘上建立一个"项目一实验"文件夹，以下作业均保存在该文件夹下。

（一）在"写字板"软件中完成以下作业，取名为"项目一实验用文件 1.txt"，并保存。

1. 浅谈计算机的发展史。

2. 浅谈计算机的特点及应用。

3. 浅谈计算机网络的发展。

（二）打开"画图"程序，利用"画图"软件巧妙画伞，保存为"项目一实验用文件 2.bmp"。

第一步：按图 2-1-1 先画一个圆（椭圆也行）。

第二步：在第一个圆同样高度的左边按下鼠标左键画一个与第一个圆的最高点重合的小圆（即内切圆），也可以把画好的圆移进去。效果如图 2-1-2 所示。

第三步：同第二步，即画第二个内切圆。并用选定工具选定图的一部分（见图 2-1-3），并移动到另一位置，效果如图 2-1-4 所示。

图 2-1-1

图 2-1-2

图 2-1-3

第四步：用直线工具把第三个圆弧一分为二，并用曲线工具把相邻的两条曲线连接起来（见图 2-1-5）。

第五步：用较粗的直线工具和刷子工具画出伞柄，并给雨伞涂上自己喜欢的颜色（见图 2-1-6）。

用圆可创作的图形很多，只要你勤于动脑，一定会创作出更多更好的画。

图 2-1-4

图 2-1-5

图 2-1-6

（三）打开写字板，录入下列文字，保存在 E 盘上，取名为"项目一实验用文件 3.rtf"。

梦想空间景观公司

该公司是一家国际性专业景观规划设计公司。总部设在重庆，在成都、兰州等地设有分公司和办事处。

业务涉及国内、国际滨水景观规划设计、主题公园、城市广场以及城市片区环境改造等业务。

公司依托创新的理念及精细的设计，凭借着对于本土市场的深刻认识，结合专业的设计理念及技术手段为客户提供本土化的、具有国际水准的全方位设计服务。

梦想空间景观公司骨干架构由经验丰富的国内外顶级设计师组成，公司团队全面涵盖了景观规划、园林设计、绿化、建筑、美术设计、工程技术等专业技术人员。

公司强调团队协作精神，对于每个设计项目，公司会认真聆听客户对设计的要求和投资预算，综合各方面的因素，制订出整体设计方案与客户进行交流和讨论，待确定后再交由项目负责人跟进把设计理念转化为具体的平、立、剖面的初步设计图纸，经设计总监评估和审核后，再由施工图设计师共同完成施工图的设计。

公司重视每个项目的团队协作式的设计，始终力求每一个作品都尽善尽美 。本着以"为客户提供优质服务，为社会创造优美环境"为宗旨；以技术创新为根本，注重地域环境及历史文化，从"尊重人，尊重自然"的角度出发。

（四）在计算机上熟悉键盘上各个按键的使用，并填写表 2-1-1 的内容。

表 2-1-1

按　键	作　用
【Tab】键	
【Caps Lock】键	
【Shift】键	
【Ctrl】键和【Alt】键	
空格键	
【Back Space】键	
【Enter】键	
Windows 功能键	

（五）录入汉字综合练习：可以选择计算机上安装的打字练习软件，也可以选择教材项目一文字。

项目二
Windows 7 操作系统

在 E 盘上建立一个"项目二实验"文件夹，以下作业均保存在该文件夹下。

（一）桌面操作

完成以下各项操作，并将各项操作的最后结果截图保存为 Word 文档，取名为"项目二实验用文件 1.docx"。

（1）将桌面图标分别按"名称""大小""类型"和"修改时间"进行排列，查看这几种排列方式表现的不同效果。

（2）通过"开始"菜单启动 Word 2010 程序，然后将打开的 Word 程序窗口进行最大化和最小化操作，最后还原窗口后关闭窗口。

（3）在"性能选项"对话框的"视觉效果"选项卡中可以对 Windows 7 的外观和性能进行调整。

（4）设置自己的桌面背景，以拉伸方式显示在桌面上。

（5）自定义桌面图标，将"控制面板"显示在桌面上。

（6）设置屏幕保护程序和 Windows 主题。其中屏幕保护程序为"变幻线"，等待时间是15 分钟；主题是"中国"。

（7）设置任务栏的显示风格，要求将任务栏保持在其他窗口的前端，显示快速启动，隐藏不活动的图标。

（8）在任务栏上定制自己的工具栏，将地址工具栏和我的文档加入到任务栏中。

（9）设置窗口外观，其中，窗口和按钮采用 Win7 样式，活动窗口标题栏大小为 18，标题栏中的字体为华文楷体、大小为 10。

（10）把显示器的分辨率调整为 1024×768，并在桌面的右上方显示"日历"小工具。

（11）将"计算器"程序锁定到任务栏。

（二）窗口操作、菜单和对话框操作

完成以下各项操作，并将各项操作的最后结果截图保存为 Word 文档，取名为"项目二实验用文件 2.docx"。

（1）打开"库"窗口，熟悉窗口各组成部分。

（2）练习"最小化""最大化"和"还原"按钮的使用。将"库"窗口拖放成最小窗口和同时含有水平、垂直滚动条的窗口。

（3）练习菜单栏的显示/取消，熟悉工具栏中各图标按钮的名称。

（4）观察窗口控制菜单，然后取消该菜单。

（5）打开"计算机""控制面板"窗口。

（6）用两种方式将"库"和"计算机"切换成当前窗口。

（7）将上述 3 个窗口分别以层叠、横向平铺和纵向平铺的方式排列。

（8）移动"控制面板"窗口到屏幕中间。

（9）以 3 种不同的方法关闭上述 3 个窗口。

（10）打开"开始"菜单，再打开"所有程序"菜单，选择"附件"菜单，单击"Windows 资源管理器"，练习滚动条的几种使用方法。

（11）在"查看"菜单中，练习多选项和单选项的使用，并观察窗口变化。

（12）打开"工具"中的"文件夹选项"，分别观察其中"常规"和"查看"两个选项卡的内容，然后关闭该对话框，关闭"资源管理器"。

（13）打开"控制面板"中的"鼠标"选项，练习相关属性设置。

（三）设置

完成以下各项操作，并将各项操作的最后结果截图保存为 Word 文档，取名为"项目二实验用文件 3.docx"。

（1）查看并设置日期和时间。

（2）将桌面墙纸设置为"Windows"，设置屏幕保护程序为"三维文字"，将文字设置为"计算机应用基础"，字体设为"微软雅黑"并将旋转类型设置为"摇摆式"。

（3）安装打印机"Canon LBP5910"，设置为默认打印机，并在桌面上创建该打印机的快捷方式，取名"佳能打印"。

（4）添加/删除输入法。

（四）文件及文件夹操作

完成以下各项操作，并将各项操作的最后结果截图保存为 Word 文档，取名为"项目二实验用文件 4.docx"。

（1）在桌面创建文件夹"fileset"，在"fileset"文件夹中新建文件"a.txt""b.docx""c.bmp"和"d.xlsx"，并设置"a.txt"和"b.docx"文件属性为隐藏，设置"c.bmp"和"d.xlsx"文件属性为只读，并将扩展名为".txt"文件的扩展名改为".html"。

（2）将文件夹"fileset"改名为"fileseta"，并删除其中所有只读属性的文件。

（3）在桌面新建文件夹"filesetb"，并将文件夹"fileseta"中所有隐藏属性的文件复制到新建的文件夹中。

（4）在系统文件夹内查找文件"calc.exe"，并将它复制到桌面上。

（5）在 C 盘上查找文件夹"Font"，将该文件夹中文件"华文黑体.ttf"复制到文件夹"C:\Windows"中。

（五）软硬件操作

完成以下各项操作，并将各项操作的最后结果截图保存为 Word 文档，取名为"项目二实验用文件 5.docx"。

（1）在任务栏中创建一个快捷方式，指向"C:\Program Files\WindowsNT\Accessories\wordpad.exe"，取名"写字板"。

（2）将 C:\WINDOWS 下的"explorer.exe"的快捷方式添加到开始菜单的"所有程序\附件"下，取名为"资源管理器"。

（3）在"下载"文件夹中创建一个快捷方式，指向"C:\ProgramFiles\CommonFiles\Microsoft Shared\MSInfo\Msinfo32.exe"，取名为"系统信息"。

（4）在桌面上创建一个快捷方式，指向"C:\WINDOWS\regedit.exe"，取名为"注册表"。

（5）用磁盘碎片整理程序分析 C 盘是否需要整理，如果需要，请进行整理。

（6）利用计算器计算：

（1011001）$_2$=（　　　　　　）$_{10}$

（1001001）$_2$+（7526）$_8$+（2342）$_{10}$+（ABC18）$_{16}$=（　　　　　　）$_{10}$

$\sin 60° =$

（7）打开科学型计算器，将该程序窗口作为图片保存到桌面上，文件名为"科学型计算器.bmp"。

（六）操作题

（1）在"写字板"程序中插入一张图片并配上文字，然后调整其格式，完成效果如图 2-2-1 所示。完成后以"项目二实验用文件 6.docx"命名并将其保存。

（2）在写字板中输入内容并应用格式，效果如图 2-2-2 所示，完成后以"项目二实验用文件 7.docx"命名后并将其保存。

图 2-2-1

图 2-2-2

（3）在"画图"程序中绘制人物效果。其中，人物使用"曲线工具"，花朵使用圆形工具勾画出一片花瓣，然后复制花瓣并使用旋转命令调整花瓣的角度后，依序放置，完成一朵花瓣的绘制，如图 2-2-3 所示。完成后命名为"项目二实验用文件 8.png"保存。

图 2-2-3

在 E 盘上建立一个"项目三实验"文件夹，以下作业均保存在该文件夹下。

（一）建立一个名为"项目三实验用文件 1"的 Word 文档 ，完成以下操作。

在新建立的文档中录入样文中的文本内容。

考上可喜，考不上也不用悲观

高考就像千军万马过独木桥，考个理想大学不容易。无论是最终走进大学校园的学子，抑或高考不幸落榜者，都曾经历过一段艰苦岁月。

对于父母给子女过大压力，学校重视文化教育而轻视心理健康教育和人文关怀等现象。有一篇文章指出：一定要从社会、学校和家长等多方入手，千方百计把孩子从分数中解放出来；

要让他们明白，人生道路千万条，各行各业都能成才；只要矢志追求、努力拼搏，照样可以实现人生抱负和目标。

是啊，人的成才不在于是否上大学，而在于有没有实际本领。未来只要你踏实肯干，总有你出头之日。高考只是人生道路中的一条，卸下包袱，轻松上阵吧！

（1）段落合并：将文中第三自然段和第四自然段合并为一段。

（2）设置字体：第一段为黑体，合并后的（下同）第二段为宋体，第三段为楷体，第四段为仿宋。

（3）设置字号：第一段设置字号为三号字，第二段至第四段设置为四号字。

（4）设置字型：第一段设置为粗体，为第四段中"卸下包袱，轻装上阵吧！"设置下划线（波浪线）

（5）设置对齐方式：第一段设置为居中，第二段至第四段设置为左对齐。

（6）设置段落缩进：设置正文段落缩进两个中文字符。

（7）设置段间距：第一段为段前 1 行，第二段至第四段为段前段后各 1 行。

（8）设置行间距：设置所有段落的行间距为固定值、20 磅。

（9）使用"查找和替换"功能，将文章中所有的"大学"字设置为红色、加粗字体。

（10）页面设置：设置纸张类型为 A4，页边距：上、右各为 2cm，下、左各为 3cm。

最后设置的效果如图 2-3-1 所示。

考上可喜，考不上也不用悲观

高考就像千军万马过独木桥，考个理想大学不容易。无论是最终走进大学校园的学子，抑或高考不幸落榜者，都曾经历过一段艰苦岁月。

对于父母给子女过大压力，学校重视文化教育而轻视心理健康教育和人文关怀等现象。有一篇文章指出：一定要从社会、学校和家长等多方入手，千方百计把孩子从分数中解放出来；要让他们明白，人生道路千万条，各行各业都能成才；只要矢志追求、努力拼搏，照样可以实现人生抱负和目标。

是啊，人的成才不在于是否上大学，而在于有没有实际本领。未来只要你踏实肯干，总有你出头之日。高考只是人生道路中的一条，卸下包袱，轻松上阵吧！

图 2-3-1

（二）建立一个名为"项目三实验用文件 2"的 Word 文档，完成以下内容。
（1）创建一个四行六列的表格，并自动套用表格样式"浅色网格"，如表 2-3-1 所示。

表 2-3-1

（2）将上述表格的行高调整为 0.6cm，列宽为 2.1cm，并设置表格居中。
（3）在文档中创建表 2-3-2 所示表格，表格中的文字为"小五""黑体""加粗"和"中部居中"，表格的行高调整为 0.65cm，"邮政编码"字段换行，并设行距为"固定值，9 磅"。

表 2-3-2

姓　名		性　别		照　片
民　族		政治面貌		
出生日期		出生地		
毕业学校				
所学专业				
最高学位		最高学历		
现从事职业		专业技术职务		
通信地址			邮政编码	
联系电话		电子信箱地址		
申请任教学科（课程）				
身份证号码				

（4）创建"课程表"，如表 2-3-3 所示。

表 2-3-3

节次 \ 星期		星期一	星期二	星期三	星期四	星期五
上午	1	大学英语	计算机基础	高等数学	哲学	会计基础
	2					
	3	高等数学	会计基础	自习	大学英语	计算机基础
	4					
中午						
下午	5	体育	自习	计算机基础	自习	自习
	6					
晚自习						

（1）启动 Word，新建一个 Word 文档，输入表格标题文字"课程表"，字体为黑体，大小为二号，居中。

（2）插入一个表格。选择"插入"选项卡"表格"组的"表格"按钮，选择"插入表格"命令，在弹出的"插入表格"对话框中，设置列数、行数，按最多的列、行数计，本例分别为 7 和 9。

（3）将表格变成不规则表格。选中表格，在"布局"选项卡中选择相应选项，通过合并和拆分单元格，将规则表格变成不规则表格，使之符合要求，并在表格中输入文字。

（4）设置表格边框线。选中表格，在"设计"选项卡"表格样式"组的"边框"按钮中，选线型、粗细，设置边框线。

（5）设置单元格底纹。利用页面左侧的"行选择区"选中"中午"行，单击鼠标右键，利用快捷菜单的"边框和底纹"来设置底纹。

（6）设置文字中部居中。单击表格左上端的选择表格标记⊞，选中全部表格，单击鼠标右键，利用快捷菜单设置单元格对齐方式为"中部居中"。

（7）保存文件。单击工具栏"保存"按钮。

（三）建立一个名为"项目三实验用文件 3"的 Word 文档，录入样图二所示文字内容。
对该文档进行编辑、格式化和保存，具体要求如下。

（1）选择文档标题，在"段落"工具栏上单击"居中对齐"按钮≡，然后选择最后的署名和时间，单击"段落"工具栏上的"右对齐"按钮≡。

（2）选择考试时间、地点、内容和方式等内容，单击"段落"工具栏上的"项目符号"按钮≡·，在打开的下拉列表框中选择项目符号样式。

（3）按空格键，使"考试内容"的 1、2、3 点对齐。

（4）选择公司署名所在的段落，单击"段落"工具栏右下角的▣按钮，打开"段落"对话框，在"段落"对话框中选择"缩进和间距"选项卡，在"间距"栏的"段前"数值框中输入"2 行"，单击 确定 按钮。

（5）选择【文件】/【另存为】菜单命令，打开"另存为"对话框，在左侧文件夹窗格中选择文档的保存位置，在"文件名"文本框中输入 "项目三实验用文件 3"。单击 保存(S) 按钮，保存文档。

最后设置的效果如图 2-3-2 所示。

关于电脑知识及操作考试的通知

各门店：

　　为减少公司电脑设备因人为操作而产生故障，以致造成不必要的损失，促进员工电脑操作水平的提高，总经办网络管理员已在公司网站上发布相关培训资料两月有余。为考评员工对电脑理论及操作知识的掌握程度，拟开展电脑操作考试。

↓→ 考试时间：2015 年 10 月 28 日（星期五）下午 16：00

↓→ 考试地点：公司会议室

↓→ 考试内容：1. 电脑理论及操作

　　　　　　　2. 电脑设备及硬件日常维护

　　　　　　　3. 电脑常见故障及排除方法

↓→ 考试方式：笔试（40 分钟）和上机操作（60 分钟）

请各位店长和组长务必准时参加！

四川康健大药房连锁有限责任公司

2015 年 10 月 20 日

图 2-3-2

（四）建立一个名为"项目三实验用文件 4"的 Word 文档，录入样图三所示文字内容。对文档美化编辑，包括插入图形、图片与艺术字，设置字符格式，添加底纹效果，具体要求如下。

（1）选择标题，更改字体为"隶书"，为"Butter"添加下划线，更改"新品"颜色为紫色，分别为"新品"两个字符加圈。

（2）在【插入】/【文本】组单击"艺术字"按钮 ，在打开的下拉列表框中选择"艺术字样式 16"选项，在打开的对话框中输入第二行文本。设置字体格式为"隶书，36，加粗"，在【艺术字工具】/【格式】/【艺术字样式】组设置字体颜色为"橙色"。

（3）在【插入】/【插图】组中，单击"图片"按钮 ，选择计算机中保存的图片，单击 插入(S) 按钮插入图片。

（4）选择图片，拖动四角的控制点调整图片大小，在【图片工具】/【格式】/【排列】组单击"自动换行"按钮 ，在打开的下拉列表中选择"四周型环绕"选项。将图片移动到右上角。

（5）选择图片，在【图片工具】/【格式】/【图片样式】组的列表框中选择"柔化边缘椭圆"选项。

（6）删除第二行文本，选择下一段文本，设置字体格式为"宋体，小四"，加粗"柔和保湿系列"文本。

（7）选择最后 4 段文本，设置字体为"楷体_GB2312，小四"，单击"段落"工具栏上的"项目符号"按钮 ，在其下拉列表框中选择"自定义项目符号"，插入软件自带的图片项目符号样式。

（8）单击"段落"工具栏右下角的 按钮，打开"段落"对话框，在"段落"对话框中选择"缩进和间距"选项卡，在"间距"栏的"段后"数值框中输入"6 磅"。

（9）按【Ctrl+Shfit】组合键，分别选择冒号及冒号前的文本，更改字体颜色为"紫色"，在【开始】/【段落】组单击"底纹"按钮 ，为其添加底纹。美化后保存文档。

最后设置的效果如图 2-3-3 所示。

Butter 化妆品新品介绍

来自浪漫之都的关怀

针对亚洲市场，Butter 品牌现已推出以基础护肤为主的**柔和保湿**系列，共四种，均为法国原装进口产品。

- **去角质柔和洁面乳**：能够彻底清除陈旧角质和肌肤污垢。同时，使肌肤有凉爽的感觉，并起到镇定的作用。还能留下淡淡的花草芳香。

- **柔和保湿爽肤水**：含有双向调理因子，能够有效地平衡皮肤的酸碱度。另有更多的保湿分子，可以锁住水分，让您的肌肤不缺水，即使在干燥的天气里，也不会出现干涩的感觉。

- **柔和保湿精华霜/乳**：蕴含丰富的植物精华，能够有效地清除老化角质细胞，使肌肤纹理细腻，高度滋润。柔和保湿精华霜适合干-中性皮肤和混合性-油性皮肤的使用。

- **紧致抗皱眼霜**：富含银杏叶精华和维他命 E、C，能够有效地缓解皮肤老化，给予高营养滋润成份，易被肌肤吸取，促进血液循环，缓解黑眼圈及眼袋困扰。不会产生油脂粒。

图 2-3-3

（五）建立一个名为"项目三实验用文件 5"的 Word 文档，制作样图四的文档，按要求完成以下作业。

（1）打开"项目三实验用文件 5.docx"。选择功能区选项卡中的"插入"选项卡。

（2）在"插入"选项卡中，单击"文本"组中的"文本框"按钮，并选择"绘制文本框"命令，拖动鼠标，插入一个大文本框，并设置一种边框线型。用鼠标单击该文本框的边框，将鼠标放在边框线上单击鼠标右键，选择"设置形状格式"，选择"线型"，在"复合类型"中选择一种线型，并设置合适的宽度。

（3）在大文本框内部，单击"绘制文本框"命令，拖动鼠标，在左边插入一个小文本框，在其中录入常用的网络用语，如：斑竹、竹叶等；参照步骤（2），在"填充"中选中"无填充"，在"线条颜色"中选中"无线条"，从而去掉该文本框边框线。

（4）在"插入"选项卡中，单击"文本"组中的"艺术字"按钮，选择一种艺术字样式，在其中输入"你知不知道？"的文字。鼠标右键单击艺术字，从快捷菜单中选择"置于顶层"，将艺术字拖到指定的位置。

（5）在大文本框内部，单击"绘制竖排文本框"命令，拖动鼠标，在右边插入一个小的竖排文本框，在其中录入"信息！一旦上网……"那段文字。

（6）在"插入"选项卡中，单击"插图"组中的"形状"按钮，在下拉菜单中，选择"星与旗帜"中的一种图形，拖动鼠标，画出一个自选图形，鼠标右键单击自选图形→添加文字，录入"网上有什么？"的标题。

（7）在"插入"选项卡中，单击"插图"组中的"剪贴画"按钮，在文本框中插入任选的一幅剪贴画，并用上面介绍的方法，去掉该文本框边框线，将剪贴画拖到指定的位置。

（8）启动公式编辑器：在"插入"选项卡中，单击"符号"组中的"公式"按钮，选择"插入新公式"，在弹出的窗口中使用命令符号工具板和模板工具版，选择所需符号工具进行公式编辑，输入图中的数学公式，输入完毕后退出公式编辑器。选中公式并单击鼠标右键，在快捷菜单中选中"设置对象格式"，选择"颜色与线条"标签，给公式添加边框线，然后再选择"版式"标签，从中选择"浮于文字上方"，将公式拖到指定的位置。

（9）组合所有的对象。按住【Ctrl】键不放，用鼠标单击各个对象，选中所有的对象，单击"绘图工具"下"格式"选项卡的"排列"组中的"组合"按钮，将所有的对象组合。

（10）保存文件。选择"文件"选项卡的"保存"命令。

最后设置的效果如图 2-3-4 所示。

图 2-3-4

（六）邮件合并。根据以下步骤，完成录取通知书的制作。

（1）利用 Word 程序建立样图 2-3-5 所示主文档，名称为"项目三实验用文件 6.docx"。

_____同学：

　　您已被我校_____（系）_____专

业录取，学制_____年，请于_____到_____持本通知书

到我校报到。

XXX 学院

2013 年 8 月 19 日

图 2-3-5

（2）利用 Excel 程序建立如图 2-3-6 所示的数据源文件，名称为"项目三实验用文件 7.xlsx"。

	A	B	C	D	E	F	G
1	姓名	院系	专业	学制	报到起始时间	报到终止时间	电子信箱
2	张连城	机电工程系	机电一体化	3年	9月1日	9月4日	slsdlfksj@126.com
3	吴心	电子工程系	电子信息工程技术	3年	9月1日	9月4日	ewoirqu@126.com
4	王亮	信息工程系	技术软件技术	3年	9月1日	9月4日	qpvlkjs@126.com
5	沈蕊	机电工程系	数控技术	3年	9月1日	9月4日	xcvlkjdsfi@126.com
6	佘军	信息工程系	计算机网络技术	3年	9月1日	9月4日	cxliewrewl@126.com
7	张天涯	信息工程系	计算机应用技术	3年	9月1日	9月4日	lsdafjlsk@126.com
8	周海角	电子工程系	应用电子技术	3年	9月1日	9月4日	sdakfjhas@126.com
9	任逍遥	电子工程系	电子测量与仪器	3年	9月1日	9月4日	dsfkljas@126.com
10	常云	管理工程系	物流管理	3年	9月1日	9月4日	wqerkadsj@126.com
11	张月	管理工程系	电子商务	3年	9月1日	9月4日	werkljafsds@126.com

图 2-3-6

（3）通过邮件合并生成样图 2-3-7 所示的信函文档。

图 2-3-7

① 在"项目三实验用文件 6.docx"主文档中，将光标定位在姓名横线上，在"邮件"—"选择收件人"—"使用现有列表"，找到刚才建立好的"项目三实验用文件 7.xlsx"文件，单击"打开"，再选择"Sheet1$"表格后确定，如图 2-3-8 所示。

图 2-3-8

② 单击"邮件"—"编辑收件人列表"，在打开的对话框中选中所有学生，如图 2-3-9 所示。

图 2-3-9

③ 在"邮件"—"插入合并域"的下拉列表中选择"姓名"。

④ 光标依次定位在各条横线上，用第③步中的方法依次插入相应的内容。

⑤ 调整格式，删除多余的横线。

⑥ 可以用"邮件"—"预览结果"查看结果是否正确，如果没有问题，则单击"完成并合并"中的"编辑单个文档"，选择"全部"后单击"确定"按钮，如图 2-3-10 所示。

图 2-3-10

将生成的"信函 1"保存到指定位置，文件名为"项目三实验用文件 8.docx"。

在 E 盘上建立一个"项目四实验"文件夹，以下作业均保存在该文件夹下。

（一）建立一个名为"项目四实验用文件 1"的 Excel 文档，输入图 2-4-1 所示的表格数据，按以下要求进行操作。

2	员工编号	姓名	性别	部门	职务	联系电话
3	20014001	黄飞龙	男	销售部	业务员	1342569****
4		李梅	女	财务部	会计	1390246****
5		张广仁	男	销售部	业务员	1350570****
6		王璐璐	女	销售部	业务员	1365410****
7		张静	女	设计部	设计师	1392020****
8		赵巧	女	设计部	设计师	1385615****
9		李杰	男	销售部	业务员	1376767****
10		张全	男	财务部	会计	1394170****
11		徐飞	男	销售部	业务员	1592745****
12		于能	男	财务部	会计	1374108****
13		张亚明	男	设计部	普通员工	1593376****
14		周华	男	销售部	业务员	1332341****
15		李洁	女	策划部	普通员工	1351514****
16		王红霞	女	设计部	普通员工	1342676****
17		周莉莉	女	财务部	会计	1391098****
18		张家微	男	销售部	业务员	1342569****
19		李菲菲	女	财务部	会计	1390246****

图 2-4-1

（1）为 A4:A19 区域自动填充编号。

（2）为 A2:F19 单元格区域快速应用"表样式浅色 8"表格样式。

（3）将所有文本和数据的对齐方式设置为居中对齐。

（4）将工作表名称更改为"员工信息"。

（5）将工作簿标记为最终状态。

（6）将 A2:F19 单元格区域的列宽调整为"10"。

（7）保存工作簿。

（二）建立一个名为"项目四实验用文件 2"的 Excel 文档，输入图 2-4-2 所示的表格数据，按以下要求进行操作。

图 2-4-2

（1）将 Sheet1 工作表中的内容复制到 Sheet2 工作表中，并将 Sheet2 工作表的名称更改为"1 月工资表"。

（2）依次在"1 月工资表"中填写"基本工资""提成""奖/惩"和"实得工资"等数据。

（3）将基本工资""提成""奖/惩"和"实得工资"等数据的数字格式更改为"会计专用"格式。

（4）将 A3:G13 单元格区域的列宽调整为"15"。

（5）将"学号""姓名"和"职务"的对齐方式设置为居中对齐，将 A2:G2 单元格区域的对齐方式设置为居中对齐。

（6）将 A1:G1 设置为"合并后居中"。

（7）保存工作簿。

（三）建立一个名为"项目四实验用文件 3"的 Excel 文档，输入图 2-4-3 所示的表格数据，按以下要求进行操作。

	A	B	C	D	E	F
1	日常费用记录表					
2	日期	费用项目	说明	金额/元		
3	2013/11/3	办公费	购买打印纸、订书针	¥ 100.00		
4	2013/11/3	招待费		¥ 3,500.00		
5	2013/11/6	运输费	运输材料	¥ 300.00		
6	2013/11/7	办公费	购买电脑2台	¥ 9,000.00		
7	2013/11/8	运输费	为郊区客户送货	¥ 500.00		
8	2013/11/10	交通费	出差	¥ 600.00		
9	2013/11/10	宣传费	制作宣传单	¥ 520.00		
10	2013/11/12	办公费	购买饮水机1台	¥ 420.00		
11	2013/11/16	宣传费	制作灯箱布	¥ 600.00		
12	2013/11/18	运输费	运输材料	¥ 200.00		
13	2013/11/19	交通费	出差	¥ 680.00		
14	2013/11/22	办公费	购买文件夹、签字笔	¥ 50.00		
15	2013/11/22	招待费		¥ 2,000.00		
16	2013/11/25	交通费	出差	¥ 1,800.00		
17	2013/11/28	宣传费	制作宣传册	¥ 850.00		

日常费用记录表 日常费用统计表 Sheet3

图 2-4-3

（1）删除 E2:E17 单元格区域。

（2）为 C3:D17 数据区域制作图表，图表类型为饼图。

（3）对"金额"列进行降序排序查看。

（4）使用自动筛选工具，筛选表中大于 5 000 的金额记录，并查看图表的变化。

（5）将工作簿保存为"项目四实验用文件 3.xlsx"。

（四）建立一个名为"项目四实验用文件 4"的 Excel 文档，输入图 2-4-4 所示的表格数据，按以下要求进行操作，并保存。

姓名	基本工资/元	绩效工资/元	提成/元	工龄工资/元	工资汇总/元
张晓霞	1252.8	1368	1238.4	921.6	
杨茂	1123.2	820.8	734.4	936	
郭晓诗	979.2	907.2	1310.4	1324.8	
黄寒冰	763.2	1036.8	892.8	921.6	
张红丽	1339.2	1310.4	1296	1281.6	
李珊	763.2	907.2	792	1252.8	
刘金华	763.2	979.2	1310.4	720	
刘瑾	806.4	921.6	1425.6	878.4	
张跃进	1108.8	777.6	1094.4	892.8	
石磊	1296	892.8	936	748.8	
张军军	936	835.2	1310.4	1195.2	
王浩	1008	907.2	1353.6	1180.8	
彭念念	1008	734.4	734.4	1123.2	
黄益达	1000.5	1100.5	984.2	720.2	
景佳人	980.2	994.2	1320.2	1540.2	
韩素	1430	1560.2	1654.5	1260.2	

员工6月份工资统计表

Sheet1　Sheet2　Sheet3

图 2-4-4

（1）使用自动求和公式计算"工资汇总"列的数值，其数值等于基本工资+绩效工资+提成+工龄工资。

（2）对表格进行美化，设置其对齐方式为居中对齐。

（3）将基本工资、绩效工资、提成、工龄工资和工资汇总的数据格式设置为会计专用。

（4）使用降序排列的方式对工资汇总进行排序，并将大于 4 000 的数据设置为红色。

（五）建立一个名为"项目四实验用文件 5"的 Excel 文档，输入图 2-4-5 所示的表格数据，按以下要求进行操作，并保存。

姓名	营业额/万元						月营业总额	月平均营业额	名次
	一月	二月	三月	四月	五月	六月			
A店	95	85	85	90	89	84	528	88	
B店	92	84	85	85	88	90	524	87	
D店	85	88	87	84	84	83	511	85	
E店	80	82	86	88	81	80	497	83	
F店	87	89	86	84	83	88	517	86	
G店	86	84	85	81	80	82	498	83	
H店	71	73	69	74	69	77	433	72	
I店	69	74	76	72	76	65	432	72	
J店	76	72	72	77	72	80	449	75	
K店	72	77	80	82	86	88	485	81	
L店	88	70	80	79	77	75	469	78	
M店	74	65	78	77	68	73	435	73	

上半年产品销售测评表

产品销售测评表

图 2-4-5

（1）筛选"月营业总额"小于 450 的，填充为浅蓝色。

（2）筛选"月营业总额"大于 450，小于 500 的，将其填充为紫色。

（3）筛选"月营业总额"大于 500，填充为绿色。

（4）将"月平均营业额"按由低到高顺序进行排序。

（六）建立一个名为"项目四实验用文件 6"的 Excel 文档，输入图 2-4-6 所示的表格数据，按以下要求进行操作。

图 2-4-6

（1）在"项目四实验用文件 6.xlsx"工作簿中为"成绩表的美化和编辑"工作表建立一个副本，并把副本重命名为"公式和函数"工作表。

（2）在"公式和函数"工作表的 A14、A15、A16、A17 单元格中分别输入"最高分""最低分""及格人数"和"及格率"，将相关单元格区域跨列居中，并加上外边框和内线。

（3）在"公式和函数"工作表中使用公式或函数计算学生成绩的总分和平均分，求出各门课程的最高分和最低分，并统计及格人数和及格率，根据学生的平均分给出排名和等级评定，计算结果如图 2-4-6 所示。

项目五
制作 PowerPoint 2010
演示文稿的制作

在 E 盘上建立一个"项目五实验"文件夹，以下作业均保存在该文件夹下。

（一）建立一个名为"项目五实验用文件 1"的 PowerPoint 文档，并进行下列操作。

（1）新建空白演示文稿，为其应用"平衡"模板样式。

（2）新建 1 张幻灯片，在其中插入一个文本框，输入"保护生态"，并将其字体设置为"微软雅黑""48"号。

（3）在第 2 张幻灯片中插入剪贴画"Tree，树.wmf"图片。

（4）在第 3 张幻灯片中插入"水.jpg"图片。

（5）在第 4 张幻灯片中插入"5 列 3 行"的表格。

（6）将演示文稿保存。

（二）建立一个名为"项目五实验用文件 2"的 PowerPoint 文档，如图 2-5-1 所示，并进行下列操作。

图 2-5-1

（1）启动 PowerPoint 2010，打开 "项目五实验用文件 2.pptx"演示文稿。

（2）为演示文稿应用"新闻纸"模板。

（3）依次为每张幻灯片输入内容，设置内容文本格式为"微软雅黑"，字号"20"，设置标题文本格式为"微软雅黑"，字号"36"。

（4）为文本内容添加项目符号，并插入图片。

（5）设置图片格式为"映像圆角矩形"。

（6）在幻灯片中添加图表、表格。

（7）保存演示文稿。

（三）建立一个名为"项目五实验用文件 3"的 PowerPoint 文档 ，如图 2-5-2 所示，并进行下列操作。

（1）打开演示文稿，为其应用"角度"幻灯片模板样式，进入幻灯片母版，在内容幻灯片的标题占位符下绘制一条横线。

（2）插入 "logo.jpg" 图片，调整至合适大小后置于幻灯片右上角。

（3）设置幻灯片内容的文本格式为"微软雅黑"，字号"18"。

（4）退出幻灯片母版。

（5）依次在每张幻灯片中输入文本，并调整占位符的位置。

（6）完成后保存演示文稿，按【F5】键放映演示文稿。

（7）使用荧光笔在幻灯片中做标记。

（8）切换至第 3 张幻灯片进行放映。

（9）退出放映。

图 2-5-2

（四）建立一个名为"项目五实验用文件 4"的 PowerPoint 文档 ，如图 2-5-3 所示，并进行下列操作。

图 2-5-3

（1）选择第一张标题幻灯片，分别为其中的对象添加"飞入"动画效果。

（2）将标题文本框的动画效果设置为"自左侧"。

（3）依次为第 2、3、4、5、6、7 张幻灯片设置动画效果，并设置其效果选项。

（4）从头开始放映幻灯片，使用荧光笔在幻灯片放映过程中添加标记。

（5）退出放映模式，并保留标记。

（6）保存演示文稿，将其打包为文件夹。

（五）制作样图 2-5-4 中的两张幻灯片。按下列要求完成操作，保存在 E 盘下"项目五实验"文件夹下，取名为"项目五实验用文件 5.pptx。"

鸭子漂流记

1992年，一艘从中国出发的货船在太平洋上遭遇强烈风暴，船上一个装满2.9万只塑料玩具的集装箱坠入大海。令人难以置信的是，其中1万多只玩具鸭组成的"鸭子舰队"在海洋上漂流了14年、3.5万公里之后，可能于明年抵达英国海岸。

如今，"鸭子舰队"在海洋上漂流14年之后，正向英国"入侵"。监视海洋残骸的科学家称，这支"鸭子舰队"不久前遇上了围绕加勒比海到英国之间海域的湾流，即将开始漂越大西洋。据预测，"鸭子舰队"很有可能在大西洋上漂流4800公里后，于2007年的某个时候抵达英国海岸。

海洋学家克提斯•艾贝斯梅耶说："我们已经接到报告，称这批鸭子目前正在美国东海岸附近漂流。因此它们必然将追上这股大西洋湾流，并最终出现在英国海滩。第一波'鸭子舰队'的抵达地点很可能是康沃尔郡海岸。"据悉，当它们抵达英国时，总漂流行程将是3.5万公里。

玩具鸭子随波逐流

- 据英国媒体23日报道，"鸭子漂流记"是从1992年开始的。一家玩具工厂的货船从中国出发，打算穿越太平洋到美国华盛顿州的塔科马港。但货船在国际日期变更线附近的海洋上遇到猛烈风暴，一个装满2.9万只黄色塑料玩具鸭的集装箱坠入大海并摔裂，令所有玩具鸭漂浮在海面上，从此随波逐流。

图 2-5-4

（1）将第二张幻灯片的版式改为"标题，剪贴画与竖排文字"，图片放入剪贴画区域，图片的动画设置为"进入效果温和型伸展""自左侧"。插入一张幻灯片作为第一张幻灯片，版式为"标题幻灯片"，输入主标题文字"鸭子漂流记"，副标题文字为"遇风暴玩具鸭坠海"。主标题的字体设置为"黑体"，字号设置为 65 磅，加粗。副标题字体设置为"仿宋 GB2312"，字号为 31 磅，颜色为红色（请用自定义标签的红色 250、绿色 0、蓝色 0）。

（2）删除第二张幻灯片。全部幻灯片切换效果为"随机"。

（六）制作图 2-5-5 中的 3 张幻灯片：按下列要求完成操作，保存在 E 盘下"项目五实验"文件夹下，取名为"项目五实验用文件 6.pptx。"

图 2-5-5

（1）第一张幻灯片的主标题文字的字体设置为"黑体"，字号设置为 57 磅，加粗，加下划线。第二张幻灯片图片的动画设置为"进入效果-基本型—飞入""自底部"，标题和文本动画都设置为"进入效果—基本型—棋盘""跨越"。第三张幻灯片的背景为预设"茵茵绿原"，底纹式样为"斜下"。

（2）第二张幻灯片的动画出现顺序为先标题，后文本，最后图片。使用"Blends"模板修饰全文。放映方式为"观众自行浏览"。

项目六
Internet 的探索

在 E 盘上建立一个"项目六实验"文件夹，以下作业均保存在该文件夹下。

（一）打开"百度"首页（www.baidu.com），输入"最新电影"并搜索相关的内容，保存网页，取名为"项目六实验用文件 1"。

（二）打开"新浪"首页（www.sina.com.cn），通过该页面打开"新浪新闻"页面，在其中浏览新闻，并保存页面，保存为"项目六实验用文件 2"。

（三）将（yeyuwusheng@163.com）添加到联系人中，然后向该邮箱发送一封邮件，主题为"会议通知"，正文为"请于周三下午 14:00 准时到会议室参加季度总结会议"。

（四）将当前接收的"会议通知"邮件抄送给 yeyuwusheng@163.com。

（五）打开 IE 浏览器的收藏夹，从中选择一个文件，并移动至"项目六实验"文件夹。

（六）查找所在局域网络的其他计算机。

（七）设置可供网络上其他计算机共享的文件资源，并从其他计算机上访问该资源。

项目七
计算机系统维护与安全

在 E 盘上建立一个"项目七实验"文件夹，以下作业均保存在该文件夹下。

（一）建立一个名为"项目七实验用文件 1"的 Word 文档，完成以下操作，并将截图保存在该文档下。

（1）将 QQ 设置为禁止开机自动启动。

（2）从 F 盘中再创建一个新分区 G，空间为 30GB。

（3）对 C 盘进行磁盘分析，然后使用磁盘清理工具，对已下载的程序文件、Internet 临时文件、回收站、临时文件和安装日志文件等进行清理。

（4）使用杀毒软件执行快速杀毒操作，并清理扫描出来的病毒文件。

（5）对当前系统盘进行病毒扫描，并清理扫描出来的病毒文件。

（二）建立一个名为"项目七实验用文件 2"的 Word 文档，在新建立的文档中录入图 2-7-1 所示的文字内容并保存。

注重信息素养，遵循网络道德

我国学者严耕、陆俊等人在其专著《网络伦理》一书中则提出了网络道德的"四原则"，即"全民原则"、"兼容原则"、"互惠原则"和"自由原则"。他们指出，由于网络的一个基本特征是打破地域和民族界限把世界联成一个"网络共同体"，因此，制定和提出网络道德基本规范必须具备"普遍有效性"的特点。

应该说，以上组织和学者从不同角度提出的规范要求都有开创性的意义，对于我们总结、提炼、形成一个系统的网络道德规范有很好的借鉴作用。但正如网络的飞速发展一样，其道德规范要求也在发展。因此，今天讨论网络道德规范，既要很好地吸收和借鉴已有的并已见成效的成果，同时也要研究网络的发展趋势，提出更符合实际的规范。而我们知道，作为一种道德规范，最重要的作用之一就在于对其实践主体的行为能够起到教化、指导和约束作用，当抽象、概括、提出一种道德规范的原则时，应该考虑这些原则在主体践行过程中的可行性。基于这些认识，我们认为，网络道德的基本规范应主要包括以下 4 个方面的内容：爱国、守法、无害、友善。

图 2-7-1

第三部分

习　题

项目一
计算机基本操作

情境一　初识计算机

一、单选题

1. （　　）被誉为"现代电子计算机之父"。

　　A. 查尔斯·巴贝　　　B. 阿塔诺索夫　　　C. 图灵　　　　　　　D. 冯·诺依曼

2. 世界上第一台电子数字计算机 ENIAC 诞生于（　　）年。

　　A. 1943　　　　　　　B. 1946　　　　　　　C. 1949　　　　　　　D. 1950

3. 第一台电子数字计算机的加法运算速度为每秒（　　）。

　　A. 500 000 次　　　　B. 50 000 次　　　　　C. 5 000 次　　　　　D. 500 次

4. 将计算机的发展历程划分为四个时代的主要依据是计算机的（　　）。

　　A. 机器规模　　　　　B. 设备功能　　　　　C. 物理器件　　　　　D. 整体性能

5. 采用晶体管的计算机被称为（　　）。

　　A. 第一代计算机　　　B. 第二代计算机　　　C. 第三代计算机　　　D. 第四代计算机

6. 第三代计算机使用的元器件为（　　）。

　　A. 晶体管　　　　　　　　　　　　　　　　　B. 电子管

　　C. 中小规模集成电路　　　　　　　　　　　　D. 大规模和超大规模集成电路

7. 世界上第一台电子数字计算机采用的主要逻辑部件是（　　）。

　　A. 电子管　　　　　　B. 晶体管　　　　　　C. 继电器　　　　　　D. 光电管

8. 按计算机用途分类，可以将电子计算机分为（　　）。

　　A. 通用计算机和专用计算机

　　B. 电子数字计算机和电子模拟计算机

　　C. 巨型计算机、大中型机、小型计算机和微型计算机

　　D. 科学与过程计算计算机、工业控制计算机和数据计算机

9. 按计算机的性能、规模和处理能力，可以将计算机分为（　　）。

　　A. 通用计算机和专用计算机

　　B. 巨型计算机、大型计算机、中型计算机、小型计算机和微型计算机

　　C. 电子数字计算机和电子模拟计算机

　　D. 科学与过程计算计算机、工业控制计算机和数据计算机

10. 个人计算机属于（   ）。

    A. 微型计算机   B. 小型计算机   C. 中型计算机   D. 小巨型计算机

11. （   ）的计算机运算速度可达到一太次以上，主要用于国家高科技领域与工程计算和尖端技术研究。

    A. 专用计算机   B. 巨型计算机   C. 微型计算机   D. 小型计算机

12. 计算机辅助制造的简称是（   ）。

    A. CAD   B. CAM   C. CAE   D. CBE

13. 我国自行生产的"天河二号"计算机属于（   ）。

    A. 微机   B. 小型机   C. 大型机   D. 巨型机

14. 在下面的选项中，（   ）不属于按计算机的用途分类。

    A. 企业管理   B. 人工智能   C. 计算机辅助   D. 多媒体技术

15. 计算机中处理的数据在计算机内部是以（   ）的形式存储和运算的。

    A. 位   B. 二进制   C. 字节   D. 兆

16. 下列四个计算机存储容量的换算公式中，错误的是（   ）。

    A. 1MB=1 024KB   B. 1KB=1 024MB

    C. 1KB=1 024B   D. 1GB=1 024MB

17. 在计算机中，存储的最小单位是（   ）。

    A. 位   B. 二进制   C. 字节   D. KB

18. 下列不能用作数据单位的是（   ）。

    A. bit   B. Byte   C. MIPS   D. KB

19. 计算机中字节的英文名字为（   ）。

    A. Bit   B. Bity   C. Bait   D. Byte

20. 计算机存储和处理数据的基本单位是（   ）。

    A. Bit   B. Byte   C. B   D. KB

21. 1 字节表示（   ）位二进制数。

    A. 2   B. 4   C. 8   D. 18

22. 计算机的字长通常不可能为（   ）位。

    A. 8   B. 12   C. 64   D. 128

23. 将二进制整数 111110 转换成十进制数是（   ）。

    A. 62   B. 60   C. 58   D. 56

24. 十进制数 121 转换成二进制整数是（   ）。

    A. 1111001   B. 1110010   C. 1001111   D. 1001110

25. 下列各进制的整数中，值最大的一个是（   ）。

    A. 十六进制数 34   B. 十进制数 55

    C. 八进制数 63   D. 二进制数 110010

26. 用 8 位二进制数能表示的最大的无符号整数等于十进制整数是（   ）。

    A. 255   B. 256   C. 128   D. 127

27. 八进制数 16 转换为二进制数是（   ）。

    A. 111101   B. 111010   C. 001111   D. 001110

28. 十六进制数 3 D 转换为二进制数是（   ）。

    A. 01110001   B. 00111101   C. 10001111   D. 00001110

29. 八进制数 332 转换成十进制数是（   ）。

    A. 154   B. 256   C. 218   D. 127

30. 十六进制数 32 转换成十进制数是（   ）。

    A. 25   B. 50   C. 61   D. 64

31. 国际标准化组织指定为国际标准的是（   ）。

    A. EBCDIC 码   B. ASCII 码   C. 国标码   D. BCD 码

32. 一个字符的标准 ASCII 码码长是（   ）。

    A. 7 bits   B. 8 bits   C. 16 bits   D. 6 bits

33. 在下列字符中，其 ASCII 码值最大的一个是（   ）。

    A. 9   B. Z   C. D   D. X

34. 在标准 ASCII 码表中，已知英文字母 D 的 ASCII 码是 01000100，英文字母 C 的 ASCII 码是（   ）。

    A. 01000001   B. 01000010   C. 01000011   D. 01100011

35. 下面不属于音频文件格式的是（   ）。

    A. WAV   B. MP3   C. RM   D. SWF

36. 下列叙述中错误的是（   ）。

    A. 多媒体技术具有集成性和交互性

    B. 所有计算机的字长都是 8 位

    C. 通常计算机的存储容量越大，性能就越好

    D. 计算机中的数据都是以二进制来表示的

37. 多媒体信息不包括（   ）。

    A. 文字、图像   B. 动画、影像

    C. 打印机、光驱   D. 音频、视频

38. 下列各项中，不属于多媒体硬件的是（   ）。

    A. 扫描仪   B. 视频卡   C. 音频卡   D. 加密卡

39. 下列选项中，不属于计算机多媒体的媒体类型的是（   ）。

    A. 文本   B. 图像   C. 音频   D. 程序

二、多选题

1. 信息技术主要是应用计算机科学和通信技术来设计、开发、安装和实施信息系统及应用软件，主要包括（   ）。

    A. 传感技术   B. 通信技术   C. 计算机技术   D. 缩微技术

2. 理解信息安全和加强信息安全意识应从（   ）方面着手。

    A. 数据安全   B. 计算机安全   C. 信息系统安全   D. 法律保护

3. 下列属于多媒体技术的主要特点的是（   ）。

    A. 实时性   B. 集成性   C. 分布性   D. 交互性

4. 计算机在现代教育中的主要应用有计算机辅助教学、计算机模拟、多媒体教室和（   ）。

A. 网上教学 B. 家庭娱乐 C. 电子试卷 D. 电子大学

5. 下列属于未来计算机的发展趋势的是（ ）。

A. 巨型化 B. 微型化 C. 网络化 D. 智能化

6. 微型计算机中，运算器的主要功能是进行（ ）。

A. 逻辑运算 B. 算术运算 C. 代数运算 D. 函数运算

7. 以下属于第四代计算机的主要特点的是（ ）。

A. 计算机走向微型化，性能大幅度提高

B. 主要用于军事和国防领域

C. 软件也越来越丰富，为网络化创造了条件

D. 计算机逐渐走向人工智能化，并采用了多媒体技术

8. 下列属于汉字编码方式的是（ ）。

A. 输入码 B. 识别码 C. 国标码 D. 机内码

9. 多媒体计算机的软件种类较多，根据功能可以分为（ ）。

A. 多媒体操作系统 B. 媒体处理系统工具

C. 图像处理工具 D. 用户应用软件

10. 下列属于图像文件格式的是（ ）。

A. .bmp 文件 B. .gif 文件 C. .png 文件 D. .avi 文件

11. 下列 4 种文件格式中，属于音频文件的格式是（ ）。

A. WAV B. JPG C. DAT D. MIDI

12. 以下文件格式中，不属于视频文件的是（ ）。

A. AVI B. MPEG C. RM D. WMF

13. 可以作为计算机数据单位的是（ ）。

A. 字母 B. 字节 C. 位 D. 兆

三．判断题

1. 人们常说的计算机一般是指通用计算机。（ ）

2. 微型计算机最早出现在第三代计算机中。（ ）

3. 冯·诺依曼原理是计算机的唯一工作原理。（ ）

4. 第四代电子计算机主要采用中、小规模集成电路的元器件。（ ）

5. 冯·诺依曼提出的计算机体系结构的设计理论是采用二进制和存储程序方式。（ ）

6. 第三代计算机的逻辑部件采用的是小规模集成电路。（ ）

7. 计算机应用包括科学计算、信息处理和自动控制等。（ ）

8. 在计算机内部，一切信息的存储、处理与传送都采用二进制来表示的。（ ）

9. 一个字符的标准 ASCII 码占一个字节的存储量，其最高位二进制数总为 0。（ ）

10. 大写英文字母的 ASCII 码值大于小写英文字母的 ASCII 码值。（ ）

11. 同一个英文字母的 ASCII 码和它在汉字系统下的全角内码是相同的。（ ）

12. 一个字符的 ASCII 码与它的内码是不同的。（ ）

13. 标准 ASCII 码表的每一个 ASCII 码都能在屏幕上显示成一个相应的字符。（ ）

14. 国际通用的 ASCII 码由大写字母、小写字母和数字组成。（ ）

15. 国际通用的 ASCII 码是 7 位码。（ ）

16. 多媒体技术的主要特点是数字化和集成性。（　　　）

17. 通常计算机的存储容量越大，性能就越好。（　　　）

18. 传输媒体主要包括键盘、显示器、鼠标、声卡及视频卡等。（　　　）

19. 多媒体文件包括音频文件、视频文件和图像文件。（　　　）

20. 余 3 码是一种根据位权规则编制的代码。（　　　）

21. 多媒体计算机包括多媒体硬件和多媒体软件系统。（　　　）

22. 多媒体不仅是指文本、声音、图形、图像、视频、音频和动画这些媒体信息本身，还包含处理和应用这些媒体元素的一整套技术。（　　　）

23. 多媒体技术可以处理文字、图像和声音，但不能处理动画和影像。（　　　）

24. 1GB 等于 1 000MB，又等于 1 000 000KB。（　　　）

情境二　计算机系统知识

一、单选题

1. 计算机中运算器的主要功能是（　　　）。
   A. 控制计算机的运行　　　　　　　　B. 算术运算和逻辑运算
   C. 分析指令并执行　　　　　　　　　D. 负责存取存储器中的数据

2. 计算机的 CPU 每执行一个（　　　），表示完成一步基本运算或判断。
   A. 语句　　　　　B. 指令　　　　　C. 程序　　　　　D. 软件

3. 磁盘驱动器属于计算机的（　　　）设备。
   A. 输入　　　　　B. 输出　　　　　C. 输入和输出　　　　　D. 存储器

4. 计算机的主机由（　　　）组成。
   A. 计算机的主机箱　　　　　　　　　B. 运算器和输入/输出设备
   C. 运算器和控制器　　　　　　　　　D. CPU 和内存储器

5. 下面关于 ROM 的说法中，不正确的是（　　　）。
   A. ROM 不是内存而是外存　　　　　B. ROM 中的内容在断电后不会消失
   C. CPU 不能向 ROM 随机写入数据　　D. ROM 是只读存储器的英文缩写

6. 构成计算机物理实体的部件称为（　　　）。
   A. 计算机软件　　　B. 计算机程序　　　C. 计算机硬件　　　D. 计算机系统

7. 下列设备中属于输入设备的是（　　　）。
   A. 显示器　　　　　B. 扫描仪　　　　　C. 打印机　　　　　D. 绘图机

8. 计算机中对数据进行加工与处理的硬件为（　　　）。
   A. 控制器　　　　　B. 显示器　　　　　C. 运算器　　　　　D. 存储器

9. 微型计算机中，控制器的基本功能是（　　　）。
   A. 控制系统各部件正确地执行程序　　B. 传输各种控制信号
   C. 产生各种控制信息　　　　　　　　D. 存储各种控制信息

10. 下列选项中，属于硬盘能够存储多少数据的一项重要指标的是（　　　）。
    A. 总容量　　　　　B. 读写速度　　　　　C. 质量　　　　　D. 体积

11. 下列选项中，不属于计算机硬件系统的是（　　　）。

    A．系统软件   B．硬盘   C．I/O 设备   D．中央处理器

12. 微型计算机的（　　　）集成在微处理器芯片上。

    A．CPU 和 RAM   B．控制器和 RAM

    C．控制器和运算器   D．运算器和 RAM

13. 下列不属于计算机的外部存储器的是（　　　）。

    A．软盘   B．硬盘   C．内存条   D．光盘

14. USB 是一种（　　　）。

    A．中央处理器   B．不间断电源

    C．通用串行总线接口   D．储存器

15. CPU 能直接访问的存储器是（　　　）。

    A．硬盘   B．U 盘   C．光盘   D．ROM

16. ROM 中的信息是（　　　）。

    A．由程序临时存入的   B．在安装系统时写入的

    C．由用户随时写入的   D．由生产厂家预先写入的

17. 微机的主机指的是（　　　）。

    A．CPU、内存和硬盘等   B．CPU 和内存储器等

    C．CPU、内存、主板和硬盘等   D．CPU、内存、硬盘、显示器和键盘等

18. 英文缩写 ROM 的中文译名是（　　　）。

    A．U 盘   B．只读存储器

    C．随机存取存储器   D．高速缓冲存储器

19. 内存一般采用半导体存储单元，包括随机存储器（RAM）、（　　　）和高速缓存（Cache）。

    A．可读存储器（ROM）   B．只读存储器（ROM）

    C．只读存储器（POM）   D．可读存储器（POM）

20. 微型计算机硬件系统中最核心的部件是（　　　）。

    A．主板   B．I/O 设备   C．内存储器   D．CPU

21. 计算机的硬件主要包括中央处理器（CPU）、存储器、输出设备（　　　）。

    A．输入设备   B．鼠标   C．输入设备   D．键盘

22. 计算机系统是指（　　　）。

    A．硬件系统和软件系统   B．运控器、存储器、外部设备

    C．主机、显示器、键盘、鼠标   D．主机和外部设备

23. 计算机中的存储器包括（　　　）和外存储器。

    A．光盘   B．硬盘   C．内存储器   D．半导体存储单元

24. 计算机软件总体分为系统软件和（　　　）。

    A．非系统软件   B．重要软件   C．应用软件   D．工具软件

25. 计算机系统中，（　　　）是指运行的程序、数据及相应的文档的集合。

    A．主机   B．系统软件   C．软件系统   D．应用软件

26. Office 2010 属于（　　　）。

    A．系统软件   B．应用软件   C．辅助设计软件   D．商业管理软件

27. 在 Windows 系统中，连续两次快速按下鼠标左键的操作是（　　）。

    A. 单击　　　　　　B. 双击　　　　　　C. 拖曳　　　　　　D. 启动

28. 计算机键盘上的【Shift】键称为（　　）。

    A. 控制键　　　　　B. 上档键　　　　　C. 退格键　　　　　D. 换行键

29. 计算机键盘上的【Esc】键的功能一般是（　　）。

    A. 确认　　　　　　B. 取消　　　　　　C. 控制　　　　　　D. 删除

30. 键盘上的（　　）键是控制键盘输入大小写切换的。

    A. Shift　　　　　　B. Ctrl　　　　　　C. NumLock　　　　D. CapsLock

31. 下列选项中，（　　）键用于删除光标后面的字符。

    A. Delete　　　　　B. →　　　　　　　C. Insert　　　　　D. BackSpace

32. 下列选项中，（　　）键用于删除光标前面的字符。

    A. Delete　　　　　B. →　　　　　　　C. Insert　　　　　D. BackSpace

33. 通常情况下，单击鼠标的（　　）将会打开一个快捷菜单。

    A. 左键　　　　　　B. 右键　　　　　　C. 中键　　　　　　D. 左、右键同时按下

34. 双击鼠标左键会（　　）。

    A. 选中对象　　　　B. 取消选中　　　　C. 执行程序　　　　D. 弹出快捷菜单

35. 拖动时应按下鼠标的（　　）。

    A. 左键　　　　　　B. 右键　　　　　　C. 中键　　　　　　D. 左、右键同时按下

二、多选题

1. 微型计算机中的总线通常包括（　　）。

    A. 数据总线　　　　B. 信息总线　　　　C. 地址总线　　　　D. 控制线

2. 下列选项中，属于计算机的组成部分的有（　　）。

    A. 运算器　　　　　　　　　　　　　B. 控制器

    C. 总线　　　　　　　　　　　　　　D. 输入设备和输出设备

3. 常用的输出设备有（　　）。

    A. 显示器　　　　　B. 扫描仪　　　　　C. 打印机　　　　　D. 键盘和鼠标

4. 输入设备是微型计算机中必不可少的组成部分，下列属于常见的输入设备的有（　　）。

    A. 鼠标　　　　　　B. 扫描仪　　　　　C. 打印机　　　　　D. 键盘

5. 个人计算机（PC）必备的外部设备有（　　）。

    A. 储存器　　　　　B. 鼠标　　　　　　C. 键盘　　　　　　D. 显示器

6. 计算机中，运算器可以完成（　　）。

    A. 算术运算　　　　B. 代数运算　　　　C. 逻辑运算　　　　D. 四则运算

7. 计算机内存由（　　）构成。

    A. 随机存储器　　　B. 主存储器　　　　C. 附加存储器　　　D. 只读存储器

8. 以下选项中，属于计算机外部设备的有（　　）。

    A. 输入设备　　　　　　　　　　　　B. 输出设备

    C. 中央处理器和主存储器　　　　　　D. 外存储器

9. 计算机的软件系统可分为（　　）。

    A. 程序和数据　　　B. 应用软件　　　　C. 操作系统　　　　D. 系统软件

10. 目前广泛使用的操作系统种类很多，主要包括（　　　　）。

    A. DOS　　　　　　B. UNIX　　　　　　C. Windows　　　　D. Basic

11. 下列选项中，属于应用软件的有（　　　）。

    A. 办公软件类软件　　　　　　　　　　B. 图形处理与设计软件

    C. 多媒体播放与处理软件　　　　　　　D. 网页开发软件

12. 计算机的运行速度受（　　　　）影响。

    A. CPU　　　　　　B. 显示器　　　　　　C. 键盘　　　　　　D. 内存

13. 键盘上划分的区域有（　　　）。

    A. 字母键区　　　　B. 数字键区　　　　　C. 方向键区　　　　D. 功能键区

14. 系统软件可分为（　　　）。

    A. 操作系统　　　　B. 设备驱动程序　　　C. 实用程序　　　　D. 编程语言

15. 鼠标的基本操作方法包括（　　　）。

    A. 单击　　　　　　B. 双击　　　　　　　C. 右击　　　　　　D. 拖动

三、判断题

1. 计算机软件按其用途和实现的功能可分为系统软件和应用软件两大类。（　　　）

2. 计算机系统包括硬件系统和软件系统。（　　　）

3. 主机包括 CPU、显示器。（　　　）

4. CPU 的主频越高，它的运算速度越慢。（　　　）

5. CPU 由控制器和运算器组成。（　　　）

6. CPU 的主要任务是取出指令、解释指令和执行指令。（　　　）

7. CPU 主要由控制器、运算器和存储器组成。（　　　）

8. 中央处理器和主存储器构成计算机的主体，称为主机。（　　　）

9. 主机以外的大部分硬件设备称为外围设备或外部设备，简称外设。（　　　）

10. 运算器是进行算术和逻辑运算的部件，通常称它为 CPU。（　　　）

11. 输入和输出设备是用来存储程序及数据的装置。（　　　）

12. 键盘和显示器都是计算机的 I/O 设备，键盘是输入设备，显示器是输出设备。（　　　）

13. 通常所说的内存是指 RAM。（　　　）

14. 显示器属于输入设备。（　　　）

15. 键盘是输入设备，显示器是输出设备。（　　　）

16. 光盘属于外存储设备。（　　　）

17. 扫描仪属于输出设备。（　　　）

18. 数码相机属于输出设备。（　　　）

19. 可以在计算机工作的情况下插上或拔掉电路设备。（　　　）

20. 内部存储器也称为主存储器，简称内存。（　　　）

项目二
Windows 7 操作系统

情境一　Windows 7 基本操作

一、单选题

1. Windows 系统是一种（　　）。

    A. 操作系统　　　　　B. 文字处理系统　　C. 电子应用系统　　D. 应用软件

2. Windows 7 桌面上，任务栏中最左侧的第一个按钮是（　　）。

    A. "打开"按钮　　　B. "程序"按钮　　C. "开始"按钮　　D. "时间"按钮

3. 在 Windows 7 桌面中，任务栏位于（　　）。

    A. 只能在屏幕的底部　　　　　　　　B. 可以在屏幕的右边

    C. 可以在屏幕的左边　　　　　　　　D. 可以在屏幕的四周

4. 在 Windows 系统中，有关"还原"按钮的说法正确的是（　　）。

    A. 单击"还原"按钮可以将最大化后的窗口还原

    B. 单击"还原"按钮可以将最小化后的窗口还原

    C. 双击"还原"按钮可以将最大化后的窗口还原

    D. 双击"还原"按钮可以将最小化后的窗口还原

5. 单击"开始"按钮后，将打开"开始"菜单，其中"所有程序"用于（　　）。

    A. 显示可计算机可运行的程序　　　　B. 表示要开始编写的程序

    C. 表示开始执行的程序　　　　　　　D. 表示打开的所有程序

6. 在 Windows 系统中，活动窗口和非活动窗口是根据（　　）的颜色变化来区分的。

    A. 标题栏　　　　　B. 信息栏　　　　　C. 菜单栏　　　　　D. 工具栏

7. 在 Windows 中，改变窗口的排列方式应执行的操作是（　　）。

    A. 在"任务栏"空白处单击鼠标右键，在弹出的快捷菜单中选择要排列的方式

    B. 在桌面空白处单击鼠标右键，在弹出的快捷菜单中选择要排列的方式

    C. 在"计算机"窗口的空白处单击鼠标右键，在弹出的快捷菜单中选择【查看】/
【排列方式】菜单命令中的子命令

    D. 打开"计算机"窗口，选择【查看】/【排列方式】命令中的子命令

8. 在打开的窗口之间进行切换的快捷键为（　　）。

    A.【Ctrl+Tab】组合键　　　　　　　B.【Alt+Tab】组合键

    C.【Alt+Esc】组合键　　　　　　　D.【Ctrl+Esc】组合键

9. 在 Windows 操作系统中，可以按（   ）打开"开始"菜单。

    A. 【Ctrl+Tab】组合键   B. 【Alt+Tab】组合键

    C. 【Alt+Esc】组合键   D. 【Ctrl+Esc】组合键

10. 当前窗口处于最大化状态，双击该窗口标题栏，则相当于单击（   ）。

    A. 最小化按钮   B. 关闭按钮   C. 还原按钮   D. 系统控制按钮

11. 在 Windows 系统中，当一个应用程序窗口被最小化后，该应用程序（   ）。

    A. 被转入后台执行   B. 被暂停执行

    C. 被终止执行   D. 继续在前台执行

12. 在 Windows 7 中，关于移动窗口位置的方法正确的是（   ）。

    A. 用鼠标拖动窗口的菜单栏   B. 用鼠标拖动窗口的标题栏

    C. 用鼠标拖动窗口的边框   D. 用鼠标拖动窗口的空白处

13. 在 Windows 的窗口中，单击"最小化"按钮━后（   ）。

    A. 当前窗口将被关闭   B. 当前窗口将缩小显示

    C. 当前窗口缩小为任务栏的图标   D. 当前窗口一直在桌面底层

14. 在 Windows 7 中，任务栏的作用是（   ）。

    A. 显示系统的所有功能   B. 只显示当前活动窗口名

    C. 只显示正在后台工作的窗口名   D. 实现窗口之间的切换

15. 正确关闭 Widows 7 操作系统的方法是（   ）。

    A. 单击"开始"按钮◉后再操作   B. 关闭电源

    C. 按【Reset】按钮开关   D. 按【Ctrl+Alt+Del】组合键

16. 在 Windows 7 中，打开一个窗口后，通常在其顶部是一个（   ）。

    A. 标题栏   B. 任务栏   C. 状态栏   D. 工具栏

17. 中文 Windows 7 的"桌面"指的是（   ）。

    A. 电脑屏幕   B. 当前窗口   C. 全部窗口   D. 活动窗口

18. 下列不能关闭应用程序的方法是（   ）。

    A. 单击"任务栏"上的"关闭窗口"按钮

    B. 利用快捷键【Alt+F4】组合键

    C. 双击窗口左上角的控制图标

    D. 选择【文件】/【退出】菜单命令

19. 在 Windows 7 窗口的标题栏右侧的"最大化""最小化""还原"和"关闭"按钮中，不可能同时出现的两个按钮分别是（   ）。

    A. "最大化"和"最小化"   B. "最小化"和"还原"

    C. "最大化"和"还原"   D. "最小化"和"关闭"

20. 在 Windows 系统中，按住鼠标左键拖曳（   ），可缩放窗口大小。

    A. 标题栏   B. 对话框   D. 滚动框   D. 边框

21. 应用程序窗口被最小化后，要重新运行该应用程序可以（   ）。

    A. 单击应用程序图标   B. 双击应用程序图标

    C. 拖动应用程序图标   D. 指向应用程序图标

22. 在对话框中，复选框是指在所列的选项中（   ）。

    A. 只能选一项   B. 可以选多项   C. 必须选多项   D. 必须选全部项

23. 在 Windows 7 中，改变"任务栏"位置的方法是（　　）。
    A. 在"任务栏和「开始」菜单属性"对话框中进行设置
    B. 在"任务栏"空白处按住鼠标左键不放并拖放
    C. 在"任务栏"空白处按住鼠标右键不放并拖放
    D. 在"任务栏"的任一个图标上按住鼠标左键并拖放

24. 在 Windows 7 中，排列桌面图标的首步操作为（　　）。
    A. 用鼠标右键单击任务栏空白区　　　　B. 用鼠标右键单击桌面空白区
    C. 用鼠标左键单击桌面空白区　　　　D. 用鼠标左键单击任务栏空白区

25. 在 Windows 7 中，当任务栏在桌面屏幕的底部时，其右端的█按钮用于显示（　　）。
    A. 桌面　　　　　　　　　　　　B. 输入法
    C. 快速启动工具栏　　　　　　　　D. 时间日期

26. 在 Windows 7 中，对桌面背景的设置可以通过（　　）。
    A. 右键单击"计算机"图标█，在弹出的快捷菜单中选择"属性"命令
    B. 右键单击"开始"菜单
    C. 右键单击桌面空白区，在弹出的快捷菜单中选择"个性化"命令
    D. 右键单击任务栏空白区，在弹出的快捷菜单中选择"属性"命令

27. Windows 7 中，"显示桌面"按钮█位于桌面的（　　）。
    A. 左下方　　　　B. 右下方　　　　C. 左上方　　　　D. 右上方

28. 下列操作中，不能将常用程序锁定到任务栏的是（　　）。
    A. 在"开始"菜单中选择常用程序，拖动到任务栏
    B. 在"开始"菜单的常用程序上单击鼠标右键，在弹出的快捷菜单中选择"锁定到任务栏"命令
    C. 在桌面的常用程序快捷方式上单击鼠标右键，在弹出的快捷菜单中将其发送至任务栏
    D. 用鼠标右键单击任务栏中的程序图标，在弹出的快捷菜单中选择"将此程序锁定到任务栏"命令

29. 在 Windows 7 操作系统中，将打开的窗口拖动到屏幕顶端，窗口会（　　）。
    A. 关闭　　　　B. 消失　　　　C. 最大化　　　　D. 最小化

30. 在 Windows 系统中，当任务栏显示在桌面的底部时，其右端的"通知区域"显示的是（　　）。
    A. 快速启动工具栏　　　　　　　B. 用于多个应用程序之间切换的图标
    C. "开始"按钮█　　　　　　　　D. 输入法和时钟等

31. 利用窗口左上角的控制菜单图标不能实现的窗口操作是（　　）。
    A. 最大化窗口　　B. 打开窗口　　C. 最小化窗口　　D. 移动窗口

32. 如果删除了桌面上的一个快捷方式图标，则其对应的应用程序（　　）。
    A. 一起被删除　　　　　　　　　B. 只能打开不能编辑
    C. 不能打开　　　　　　　　　　D. 无任何变化

33. 关于 Windows 7 操作系统窗口，下列描述正确的是（　　）。
    A. 都有水平滚动条　　　　　　　B. 都有垂直滚动条
    C. 可能出现水平或垂直滚动条　　　D. 都有水平和垂直滚动条

34. 下面关于任务栏的说法，正确的是（　　）。
    A. 任务栏的位置大小均可以改变　　　　B. 任务栏可以根据需要进行隐藏
    C. 任务栏显示了所有打开的窗口的图标　D. 任务栏的尾端不能添加图标

35. 当鼠标位于窗口的左右边界，鼠标指针变为↔形状时，拖动鼠标可以（　　）。
    A. 改变窗口高度　　　　　　　　　　　B. 改变窗口的宽度
    C. 改变窗口的大小　　　　　　　　　　D. 改变窗口的位置

36. 当运行多个应用程序时，默认情况下屏幕上显示的是（　　）。
    A. 第一个程序窗口　　　　　　　　　　B. 系统的当前窗口
    C. 最后一个程序窗口　　　　　　　　　D. 多个窗口的叠加

37. 在 Windows 7 中，下列说法正确的有（　　）。
    A. 利用鼠标拖动对话框的边框可以改变对话框的大小
    B. 利用鼠标拖动窗口边框可以移动窗口
    C. 一个窗口最小化之后不能还原
    D. 一个窗口最大化之后不能再移动

38. 下列操作可以恢复最小化窗口的是（　　）。
    A. 单击最小化窗口图标　　　　　　　　B. 双击最小化窗口图标
    C. 使用"还原"命令　　　　　　　　　　D. 使用放大命令

39. 下列有关快捷方式的叙述中，错误的是（　　）。
    A. 快捷方式不会改变程序或文档在磁盘上的存放位置
    B. 快捷方式提供了对常用程序或文档的访问捷径
    C. 快捷方式图标的左下角有一个小箭头
    D. 删除快捷方式会影响源程序或文档的完整性

40. 当窗口不能将所有的信息行显示在当前工作区内时，窗口中一定会出现（　　）。
    A. 滚动条　　　　B. 状态栏　　　　C. 提示窗口　　　　D. 信息窗口

41. 打开快捷菜单的操作为（　　）。
    A. 单击　　　　B. 右击　　　　C. 双击　　　　D. 三击

42. 在 Windows 7 操作系统中，正确关闭计算机的操作是（　　）。
    A. 在文件未保存的情况下，单击"开始"按钮，在打开的"开始"菜单中单击"关机"按钮
    B. 在保存文件并关闭所有运行的程序后，单击"开始"按钮，在打开的"开始"菜单中单击"关机"按钮
    C. 直接按主机面板上的电源按钮
    D. 直接拔掉电源关闭计算机

43. 不可能显示在任务栏上的内容为（　　）。
    A. 对话框窗口的图标　　　　　　　　　B. 正在执行的应用程序窗口图标
    C. 已打开文档窗口的图标　　　　　　　D. 语言栏对应图标

44. 多用户使用一台计算机的情况经常出现，这时可设置（　　）。
    A. 共享用户　　　B. 多个用户账户　　C. 局域网　　　D. 使用时段

45. 在"小工具库"对话框中添加桌面小工具的方法是（　　）。
    A. 双击　　　　B. 单击　　　　C. 右击　　　　D. 三击

46. 在 Windows 7 操作系统中，显示桌面的快捷键为（　　）。

    A.【Win+D】组合键　　　　　　　　　B.【Win+P】组合键

    C.【Win+Tab】组合键　　　　　　　　D.【Alt+Tab】组合键

47. 在 Windows 7 默认环境中，用于中英文输入方式切换的组合键是（　　）。

    A.【Alt+Tab】组合键　　　　　　　　B.【Shift+空格】组合键

    C.【Shift+Enter】组合键　　　　　　D.【Ctrl+空格】组合键

48. 在中文 Windows 系统中，使用软键盘输入特殊符号，（　　）可撤消弹出的软键盘。

    A. 左键单击软键盘上的【Esc】键

    B. 右键单击软键盘上的【Esc】键

    C. 右键单击中文输入法状态窗口中的"开启/关闭软键盘"按钮 ▦

    D. 左键单击中文输入法状态窗口中的"开启/关闭软键盘"按钮 ▦

49. 在 Windows 7 中，切换中文输入方式到英文方式，使用的快捷键为（　　）。

    A.【Alt+Tab】组合键　　　　　　　　B.【Shift+ Ctrl】组合键

    C.【Shift】键　　　　　　　　　　　D.【Ctrl+空格】组合键

50. 在 Windows 系统中，切换不同的汉字输入法，应同时按下（　　）键。

    A.【Ctrl+Shift】组合键　　　　　　　B.【Ctrl+Alt】组合键

    C.【Ctrl+空格】组合键　　　　　　　D.【Ctrl+Tab】组合键

二、多选题

1. 在 Windows 系统中，可以退出"写字板"的操作是（　　）。

    A. 单击"写字板"窗口右上角的"最小化"按钮 ▭

    B. 单击"写字板"窗口右上角的"关闭"按钮 ✕

    C. 单击"写字板"窗口右上角的"最大化"按钮 ▣

    D. 按【Alt+F4】组合键

2. 窗口的组成元素包括（　　）等。

    A. 标题栏　　　　　B. 滚动条　　　　　C. 菜单栏　　　　　D. 窗口工作区

3. 在 Windows 7 中，对话框中不包含的元素有（　　）。

    A. 菜单栏　　　　　B. 复选框　　　　　C. 选项卡　　　　　D. 工具栏

4. 在 Windows 7 中进行个性化设置包括（　　）。

    A. 主题　　　　　　B. 桌面背景　　　　C. 窗口颜色　　　　D. 声音

5. 桌面上的快捷方式图标可以代表（　　）。

    A. 应用程序　　　　B. 文件夹　　　　　C. 用户文档　　　　D. 打印机

6. 在 Windows 7 中可以完成窗口切换的方法有（　　）。

    A.【Alt+Tab】组合键　　　　　　　　B.【Win+Tab】组合键

    C. 单击要切换窗口的任何可见部位　　D. 单击任务栏上要切换的应用程序按钮

7. 以下能进行输入法选择的是（　　）。

    A. 先单击语言栏上表示语言的按钮 ▦，然后选择

    B. 先单击语言栏上表示键盘的按钮 ▦，然后选择

    C. 在"任务栏"属性对话框中设置

    D. 按【Ctrl+Shift】组合键

8. 在 Windows 7 操作系统中，关于对话框的描述正确的是（　　）。

    A. 对话框是一种特殊的窗口　　　　　B. 对话框中一般有选项卡

    C. 按【Alt+F4】组合键可以关闭对话框　　D. 对话框的大小不可以改变

9. 在 Windows 系统中，屏幕上可以同时打开多个窗口，它们的排列方式是（　　）。

    A. 堆叠　　　　　B. 层叠　　　　　C. 平铺　　　　　B. 以上选项皆可

10. 在 Windows 系统中，用滚动条来实现快速滚动，是通过（　　）实现的。

    A. 单击滚动条上的箭头　　　　　B. 单击滚动条下的滚动箭头

    C. 拖动滚动条上的滚动块　　　　　D. 单击滚动条上的滚动块

11. 在 Window 系统中，运行一个程序可以（　　）。

    A. 选择【开始】/【所有程序】/【附件】/【运行】命令

    B. 使用资源管理器

    C. 使用桌面上已建立的快捷方式图标

    D. 双击程序图标

12. 下面对任务栏的描述，正确的有（　　）。

    A. 任务栏可以出现在屏幕的四周　　　　　B. 利用任务栏可以切换窗口

    C. 任务栏可以隐藏图标　　　　　D. 任务栏中的时钟不能删除

三、判断题

1. Windows 7 操作系统允许同时运行多个应用程序。（　　）

2. 关闭 Windows 7 相当于关闭计算机。（　　）

3. 启动 Windows 7 后，首先显示桌面。（　　）

4. 显示于 Windows 7 桌面上的图标统称为系统图标。（　　）

5. Windows 7 中，屏幕上显示的所有窗口中，只有一个窗口是活动窗口。（　　）

6. 在 Windows 7 中，单击非活动窗口的任意部分都可切换该窗口为活动窗口。（　　）

7. 最大化后的窗口不能进行窗口的位置移动和大小的调整操作。（　　）

8. 默认情况下，Windows 7 桌面由桌面图标、鼠标指针、任务栏和语言栏组成。（　　）

9. 在 Windows 7 中，对话框的大小不可改变。（　　）

10. 删除应用程序快捷图标时，会连同其所对应的程序文件一同删除。（　　）

11. 快捷方式的图标可以更改。（　　）

12. 无法给文件夹创建快捷方式。（　　）

13. 无法在桌面上创建打印机的快捷方式。（　　）

14. "写字板"是文字处理软件，不能进行图文处理。　（　　）

15. Windows 7 的任务栏可用于切换当前应用程序。（　　）

16. 在 Windows 系统中，桌面上的图标可以用鼠标的拖动及打开一个快捷菜单对它们的位置加以调整。（　　）

17. 只需用鼠标在桌面上从屏幕左上角向右下角拖动一次，图标就会重新排列。（　　）

18. 关闭应用程序窗口意味着终止该应用程序的运行。（　　）

19. 将 Windows 系统的窗口和对话框做比较，窗口可以移动和改变大小，而对话框仅可以改变大小，不能移动。（　　）

20. "回收站"图标可以从桌面上删除。（　　）

21. 在不同状态下，鼠标光标的表现形式都一样。（　　　）

22. 悬浮于桌面上的"语言栏"面板只能用于选择语言的输入。（　　　）

23. 睡眠状态是一种省电状态。（　　　）

24. Windows 7 属于多用户的桌面操作系统。（　　　）

25. 安装了操作系统后才能安装和使用各种应用程序。（　　　）

26. 若要单击选中或撤销选中某个复选框，只需单击该复选框前的方框即可。（　　　）

27. 删除"快捷方式"，它所指向的应用程序也会被删除。（　　　）

28. 通知区域除了显示系统日期、音量和网络状态外，还可以显示其他程序图标。（　　　）

29. Windows 系统的桌面外观可以根据爱好进行更改。（　　　）

30. 不支持即插即用的硬件设备不能在 Windows 系统环境下使用。（　　　）

情境二　管理计算机中的资源

一、单选题

1. 在 Windows 系统中，要在窗口改变文件或文件夹的显示方式，应使用（　　　）。
   A. "文件"菜单　　　　　　　　　　　B. "编辑"菜单
   C. "查看"菜单　　　　　　　　　　　D. "帮助"菜单

2. 在 Windows 系统的"回收站"中，存放的是（　　　）。
   A. 硬盘上被删除的文件或文件夹
   B. 移动硬盘上被删除的文件或文件夹
   C. 硬盘或移动硬盘上被删除的文件或文件夹
   D. 所有外存储器中被删除的文件或文件夹

3. 在 Windows 系统"开始"菜单下的"文档"选项中存放的是（　　　）。
   A. 最近建立的文档　　　　　　　　　B. 最近打开过的文档
   C. 最近打开过的文件夹　　　　　　　D. 最近运行过的程序

4. 在 Windows 7 中，选择多个连续的文件或文件夹，应首先选择第一个文件或文件夹，然后按（　　　）键，再单击最后一个文件或文件夹。
   A. Tab　　　　　　B. Alt　　　　　　C. Shift　　　　　　D. Ctrl

5. 在 Windows 7 中，选择多个不连续的文件或文件夹，应首先选择一个文件或文件夹，然后按（　　　）键依次单击需要选择的文件或文件夹。
   A. Tab　　　　　　B. Esc　　　　　　C. Shift　　　　　　D. Ctrl

6. 在 Windows 7 中，已经选择了若干文件和文件夹，若需取消选择的某个文件或文件夹，应按（　　　）键，然后单击该文件或文件夹。
   A. Esc　　　　　　B. Alt　　　　　　C. Shift　　　　　　D. Ctrl

7. 当选择文件或文件夹后，按【Shift+Delete】组合键可（　　　）。
   A. 删除选择对象并放入回收站　　　　B. 不会删除选择对象
   C. 选择对象不放入回收站而直接删除　D. 为选择对象创建副本

8. 在 Windows 7 中，获得联机帮助的快捷键是（　　　）。
   A.【F1】键　　　　　B.【F2】键　　　　　C.【F3】键　　　　　D.【F4】键

9. 利用 Windows 7 的"搜索"功能查找文件时，下列说法正确的是（　　　）。

    A. 要求被查找的文件必须是文本文件

    B. 根据日期查找时，必须输入文件的最后修改日期

    C. 根据文件名查找时，至少需要输入文件名的一部分或通配符

    D. 被用户设置为隐藏的文件，只要符合查找条件，在任何情况下都能被找出来

10. 利用"控制面板"的"程序和功能"（　　　）。

    A. 可以删除 Windows 组件   B. 可以删除 Windows 硬件驱动程序

    C. 可以删除 Word 文档模板   D. 可以删除程序的快捷方式

11. 双击某个文件夹图标，将（　　　）。

    A. 删除该文件夹   B. 打开该文件夹

    C. 删除该文件夹文件   D. 复制该文件夹文件

12. 在 Windows 系统资源管理器中，选择【编辑】/【剪切】命令（　　　）。

    A. 只能剪切文件夹   B. 只能剪切文件

    C. 可以剪切文件或文件夹   D. 不能剪切系统文件

13. 在 Windows 窗口中，创建新的子目录，应选择（　　　）菜单项中"新建"下的"文件夹"命令。

    A. 文件   B. 编辑   C. 工具   D. 查看

14. 在 Windows 窗口中，按（　　　）键可删除文件。

    A.【F7】键   B.【F8】键   C.【Backspace】键   D.【Delete】键

15. 在 Windows 窗口中，选择某一文件夹，选择【文件】/【删除】命令，则（　　　）。

    A. 只删除文件夹而不删除其包含的程序项

    B. 删除文件夹内的某一程序项

    C. 删除文件夹内的所有程序项而不删除文件夹

    D. 删除文件夹及其所有程序项

16. 在搜索文件或文件夹时，若用户输入"*.*"，则将搜索（　　　）。

    A. 所有含有*的文件   B. 所有扩展名中含有*的文件

    C. 所有文件   D. 所有文字中含有*的文件

17. 在 Windows 系统的回收站中，可以恢复（　　　）。

    A. 从硬盘中删除的文件或文件夹   B. 从移动硬盘中删除的文件或文件夹

    C. 剪切掉的文档   D. 从光盘中删除的文件或文件夹

18. 当打开一个子目录后，全部选中其中内容的快捷键（　　　）。

    A.【Ctrl+C】组合键   B.【Ctrl+V】组合键

    C.【Ctrl+X】组合键   D.【Ctrl+A】组合键

19. 在 Windows 系统中，按（　　　）键并拖曳某一文件夹到另一文件夹中，可完成对该程序项的复制操作。

    A. Alt   B. Shift   C. 空格   D. Ctrl

20. 在 Windows 系统中，用户建立的文件默认具有的属性是（　　　）。

    A. 隐藏   B. 只读   C. 存档   D. 系统

21. 在 Windows 系统中，【Alt+Tab】组合键的作用是（　　　）。

    A. 关闭应用程序   B. 打开应用程序的控制菜单

C. 应用程序之间相互切换　　　　　　　D. 打开"开始"菜单

22. 下列选项中，不属于 Windows 7 系统中自带的库的是（　　　）。

A. 视频　　　　　　B. 音乐　　　　　　C. 文件　　　　　　D. 图片

23. 在 Windows 系统中，若要恢复回收站中的文件，在选择待恢复的文件后应选择（　　　）命令。

A. 恢复此选项　　　B. 撤销此选项　　　C. 还原此选项　　　D. 后退此选项

24. 在 Windows 系统窗口中，选择（　　　）查看方式可显示文件的"大小"与"修改时间"。

A. 大图标　　　　　B. 小图标　　　　　C. 列表　　　　　　D. 详细资料

25. 在 Window 系统窗口左侧窗格中单击某个磁盘，则（　　　）。

A. 在左窗口中展开该磁盘内容

B. 在左窗口中显示其内容

C. 在右窗口中仅显示该磁盘中的文件夹

D. 在右窗口中显示该磁盘中的文件夹或文件

26. 在 Windows 系统的窗口中，"剪切"一个文件后，该文件被（　　　）。

A. 隐藏　　　　　　　　　　　　　　　B. 临时放到桌面上

C. 临时存放在"剪贴板"上　　　　　　D. 放到"回收站"

27. 要按文件字节的大小顺序显示文件夹中的文件，应在【查看】/【排列图标】命令中选择（　　　）命令。

A. 按名称　　　　　B. 按修改时间　　　C. 按项目　　　　　D. 按大小

28. 在 Windows 系统中，当一个文件被更名后，文件的内容（　　　）。

A. 完全消失　　　　B. 完全不变　　　　C. 发生损害　　　　D. 不会改变

29. 查看一个图标所表示的文件类型、位置和大小等，可使用右键菜单的（　　　）命令。

A. 打开　　　　　　B. 发送到　　　　　C. 重命名　　　　　D. 属性

30. 文件路径包括相对路径和（　　　）两种。

A. 绝对路径　　　　B. 直接路径　　　　C. 间接路径　　　　D. 任意路径

31. 文件的扩展名主要是用于（　　　）。

A. 区别不同的文件　　　　　　　　　　B. 标识文件的类型

C. 方便浏览　　　　　　　　　　　　　D. 标识文件的属性

32. 下面关于 Windows 系统文件名的叙述中，错误的是（　　　）。

A. 文件名中允许使用汉字　　　　　　　B. 文件名中允许使用多个圆点分隔符

C. 文件名中允许使用空格　　　　　　　D. 文件名中允许使用竖线"|"

33. 一个文件的扩展名通常表示为（　　　）。

A. 文件大小　　　　　　　　　　　　　B. 常见文件的日期

C. 文件版本　　　　　　　　　　　　　D. 文件类型

34. 在 Windows 系统中，将某一程序项移动到一个打开的文件夹中，应（　　　）。

A. 单击鼠标左键　　　　　　　　　　　B. 双击鼠标左键

C. 拖曳程序项到目标文件夹中　　　　　D. 单击或双击鼠标右键

35. 在 Windows 系统中，在"键盘属性"对话框的"速度"选项卡中，可以进行的设置为（　　　）。

A. 重复延迟、重复率、光标闪烁频率

B. 重复延迟、重复率、光标闪烁频率、击键频率

C. 重复的延迟时间、重复速度、光标闪烁速度

D. 延迟时间、重复率、光标闪烁频率

36. 在"控制面板"窗口中，"程序和功能"超链接可用于（　　）。

A. 设置字体　　　　　　　　　　　B. 设置键盘与鼠标

C. 安装未知新设备　　　　　　　　D. 卸装/安装程序

二、多选题

1. 要把 C 盘上的某个文件夹或文件移到 D 盘上，可使用的方法有（　　）。

A. 从 C 盘窗口将其直接拖动到 D 盘窗口

B. 在 C 盘窗口中选择该文件或文件夹，按【Ctrl+X】组合键剪切，在 D 盘窗口中按【Ctrl+V】组合键粘贴

C. 从 C 盘窗口按住【Shift】键将其拖动到 D 盘窗口

D. 在 C 盘窗口按住【Ctrl】键将其拖动到 D 盘窗口

2. 在 Windows 7 中，下列关于新建文件夹的正确做法是（　　）。

A. 单击鼠标左键，在弹出的快捷菜单中选择【新建】/【文件夹】命令

B. 单击鼠标右键，在弹出的快捷菜单中选择【新建】/【文件夹】命令

C. 在窗口中选择【文件】/【新建】/【文件夹】命令

D. 在窗口中单击 新建文件夹 按钮

3. 下列选项中，可以实现全选文件夹的操作是（　　）。

A. 按【Ctrl+A】组合键

B. 选择第一个文件夹，按住【Ctrl】键并单击最后一个文件夹

C. 选择【编辑】/【全选】命令

D. 单击选择所有需要选择的文件夹

4. 文件夹中可存放（　　）。

A. 文件　　　　　B. 程序　　　　　C. 图片　　　　　D. 文件夹

5. 在 Windows 窗口中，通过"查看"菜单可以实现的排序方式有（　　）。

A. 按日期显示　　　　　　　　　　B. 按文件类型显示

C. 按文件大小显示　　　　　　　　D. 按文件名称显示

6. 在 Windows 系统中下面关于打印机说法错误的是（　　）。

A. 每一台安装在系统中的打印机都在 Windows 的"打印机"文件夹中有一个记录

B. 任何一台计算机都只能安装一台打印机

C. 一台计算机上可以安装多台打印机

D. 每台计算机可以有多个默认打印机

7. 打开"控制面板"窗口的方法有（　　）。

A. 选择【开始】/【控制面板】菜单命令

B. 双击文档

C. 单击"计算机"窗口中的"控制面板"超链接

D. 单击桌面的 "控制面板"快捷方式

8. 下列选项中，可以隐藏的文件有（　　）。

    A. 程序文件　　　　　B. 系统文件　　　　　C. 可执行文件　　　D. 图片

9. 安装应用程序的方法有（　　）。

    A. 双击程序文件

    B. 用鼠标右键单击程序文件，在打开的快捷菜单中选择"安装"命令

    C. 使用"运行"菜单命令

    D. 在"控制面板"窗口中单击"程序和功能"超链接

10. 下列对文件和文件夹的操作结果的描述中，正确的是（　　）。

    A. 移动文件后，文件不会从原来的位置消失，同时在目标位置出现

    B. 复制粘贴文件后，文件会从原来的位置消失，同时在目标位置出现

    C. 移动与复制只针对选择的多个文件或文件夹，没被选中的文件不会发生变化

    D. 系统默认情况下，删除硬盘上的文件或文件夹后，删除的内容被放入回收站

11. 在英文输入状态下，下列不能作为文件名的是（　　）。

    A. *　　　　　　　　B. @　　　　　　　　C. ?　　　　　　　D. \

12. 下列关于文件类型的说法中，正确的是（　　）。。

    A. TXT 表示文本文件　　　　　　　　B. XLS 表示电子表格文件

    C. WAV 表示声音文件　　　　　　　　D. SWF 表示动画文件

13. 选取多个文件后，可以进行操作的是（　　）。

    A. 重命名　　　　　B. 删除　　　　　　C. 移动　　　　　D. 复制

14. 以下操作能启动控制面板的是（　　）。

    A. 在"开始"菜单中单击 控制面板 按钮

    B. 在"计算机"窗口中单击 打开控制面板 按钮

    C. 在文件窗口中单击 打开控制面板 按钮

    D. 在桌面单击"控制面板"图标

15. 文件都有各自的属性，一个文件能被修改的属性通常有（　　）。

    A. 只读　　　　　　B. 隐藏　　　　　　C. 存档　　　　　D. 其它

三、判断题

1. 文件名由主名和扩展名两部分组成，组名和扩展名之间用"."隔开。（　　）

2. 在为 Windows 文件命名时，由于文件名可能用"."，因此会出现多个扩展名。（　　）

3. 文件名相同，文件类型不同，可以存在于同一目录中。（　　）

4. 在不同文件夹下，可以有两个相同名称的文件。（　　）

5. 在 Windows 系统中，可以在一个文件夹中再建一个与之同名的子文件夹。（　　）

6. 移动文件后，文件仍然保留在原来的文件夹中，在目标文件夹中也出现该文件。（　　）

7. 文件被删除进入回收站后，仍然占用磁盘空间，必须"清空回收站"才能释放出被占用的磁盘空间。（　　）

8. 在回收站中选择"清空回收站"命令后，回收站中的全部文件和文件夹将被删除，并且不可还原。（　　）

9. 在多级目录结构中，不允许文件同名。（　　）

10. 文件夹可以包含一个或多个子文件夹。（　　）

11. 将文件或文件夹改名时，可以用鼠标右键单击要改名的文件或文件夹，在弹出的快捷菜单中选择"重命名"命令，输入新名字并按【Enter】键。（　　　）

12. 移动文件可以通过"剪切"和"粘贴"的方法来完成。（　　　）

13. Windows 系统中，剪切后的文件可通过回收站恢复。（　　　）

14. 在文件夹窗口中，如果文件已经被选中，可按住【Ctrl】键，再单击这个文件，即可取消选定。（　　　）

15. 在同一文件夹中，可以有两个相同名称的文件。（　　　）

16. Windows 系统的剪贴板只能复制文本，不能复制图形或表格。（　　　）

17. 在 Windows 7 中，只能复制文件或文件夹，不能复制其所在路径。（　　　）

18. 在回收站中的文件及文件夹不可删除，只能恢复。（　　　）

19. 文件夹中可以包含程序、文档和文件夹。（　　　）

20. 选择【开始】/【所有程序】/【附件】/【画图】命令，即可启动画图程序。（　　　）

21. 播放视频或图片文件，Windows Media Player 将自动切换到"正在播放"视图模式，如果再切换到"媒体库"模式，将只能听见声音而无法显示视频和图片。（　　　）

22. 在"搜索"文本框找到若干文件，在"搜索结果"窗口可以对这些文件进行打开、重命名和删除等操作。（　　　）

23. 计算机系统中的文件一般可分为可执行文件和非可执行文件两大类，可执行文件的扩展名为.exe 或.com。（　　　）

24. 配合使用【Shift】键删除的文件不可以恢复。（　　　）

25. 只要不清空回收站，总可以恢复被删除的文件。（　　　）

26. Windows 系统中每个应用程序都有一个剪贴板。（　　　）

27. 剪贴板可以共享，其上信息不会改变。（　　　）

28. 在 Windows 系统中查找文件时，可以使用通配符"?"代替文件名中的一部分。（　　　）

29. 在 Windows 系统中，按下鼠标左键在不同驱动器不同文件夹内拖动某一对象，结果是复制该对象。（　　　）

30. 文件夹中只能包含文件。（　　　）

31. 在 Windows 系统中，如果需要彻底删除某文件或者文件夹，可按【Shift+Delete】组合键。（　　　）

32. 文件和文件夹可根据需要按日期、名称、大小和类型进行排序。（　　　）

33. 在 Windows 系统中具有隐藏属性的文档的目录资料不会被显示出来。（　　　）

34. 要设置和修改文件夹或文档的属性，可用鼠标右键单击该文件夹或文档上的图标，在弹出的快捷菜单中选择"属性"命令。（　　　）

35. "记事本"程序主要用于处理 TXT 文件。（　　　）

36. Windows 系统中的记事本可编辑文本、表格和图形。　　（　　　）

37. "写字板"和"记事本"的功能是完全相同的。（　　　）

38. 使用"记事本"可以对文本文件进行编辑。（　　　）

39. 使用"画图"程序时，当默认颜色不能满足要求时，可以编辑颜色。（　　　）

40. 在 Windows 系统环境下，文本文件只能用记事本打开，不能用 Word 或写字板打开。（　　　）

41. Windows 系统本身不带有文字处理程序。（　　　）

42. 画图程序中所有绘制工具及编辑命令都集成在"功能选项卡和功能区"的"主页"选项卡中。(　　　)

43. Windows 系统中无需安装相应的多媒体外部设备和驱动程序就可以操作某种特定的多媒体文件。(　　　)

44. 选择【开始】/【设备和打印机】命令，打开打印机文件夹，单击"添加打印机"超链接，可添加打印机。(　　　)

45. 一台计算机可以安装网络打印机和本地打印机。(　　　)

46. 如果想卸载程序，只要找到相关文件和文件夹进行删除即可。(　　　)

47. Windows 系统不支持打印机共享。(　　　)

48. Windows 系统的附件包含了截图工具。(　　　)

49. 鼠标双击的速度可以进行调整。(　　　)

50. 在 Windows 系统下，打印时不能进行其他操作。(　　　)

51. 可以安装多台默认打印机。(　　　)

52. Windows 系统中的文件夹实际代表的是外存储介质上的一个存储区域。(　　　)

53. 记事本与写字板都可以进行文字编辑。(　　　)

情境一　Word 2010 基本操作

一、单选题

1. 在 Word 2010 窗口中编辑文档时，单击文档窗口标题栏右侧的⊟按钮后，会（　　）。
   A. 关闭窗口　　　　　　　　　　　B. 最小化窗口
   C. 使文档窗口独占屏幕　　　　　　D. 使当前窗口缩小

2. 在 Word 2010 主窗口的右上角，可以同时显示的按钮是（　　）。
   A. 最小化\还原和最大化　　　　　　B. 还原\最大化和关闭
   C. 最小化\还原和关闭　　　　　　　D. 还原和最大化

3. 文档窗口利用水平标尺设置段落缩进，则需要切换到（　　）视图方式。
   A. 页面　　　　　B. Web 版式　　　　C. 阅读版式　　　　D. 大纲

4. 在 Word 2010 编辑状态下，打开计算机的"日记.docx"文档，若要把编辑后的文档以文件名"旅行日记.htm"存盘，可以执行"文件"菜单中的（　　）命令。
   A. 保存　　　　　B. 另存为　　　　C. 全部保存　　　　D. 保存并发送

5. 快速访问工具栏中，↺·按钮的功能是（　　）。
   A. 撤销上次操作　　　　　　　　　B. 恢复上次操作
   C. 设置下划线　　　　　　　　　　D. 插入链接

6. 在 Word 2010 中更改文字方向菜单命令的作用范围是（　　）。
   A. 光标所在处　　　B. 整篇文档　　　C. 所选文字　　　D. 整段文章

7. 在 Word 2010 中按（　　）可将光标快速移至文档的开头。
   A.【Ctrl+Home】组合键　　　　　　B.【Ctrl+Shift+End】组合键
   C.【Ctrl+ End】组合键　　　　　　 D.【Ctrl+Shift+Home】组合键

8. 在 Word 2010 中输入文字时，在（　　）模式下，输入新的文字时，后面原有的文字将会被覆盖。
   A. 插入　　　　　B. 改写　　　　　C. 更正　　　　　D. 输入

9. Word 2010 中按住（　　）键的同时拖动选定的内容到新位置可以快速完成复制操作。

    A.【Ctrl】　　　　　B.【Alt】　　　　　　C.【Shift】　　　　　D. 空格

10. 在 Word 中不能实现选中整篇文档的操作是（　　）。

    A.【Ctrl+A】组合键

    B. 在【开始】/【编辑】组单击"选择"按钮，在打开的下拉列表中选择"全选"选项

    C. 在选定区域按住【Ctrl】键，然后单击

    D. 在选定区域三击鼠标左键

11. 在 Word 2010 中，要一次全部保存正在编辑的多个文档，需执行的操作的是（　　）。

    A. 按住【Ctrl】键，并选择【文件】/【全部保存】命令

    B. 按住【Shift】键，并选择【文件】/【全部保存】命令

    C. 选择【文件】/【另存为】命令

    D. 按住【Alt】键，并选择【文件】/【全部保存】命令

12. Word 2010 文档文件的扩展名为（　　）。

    A. .txt　　　　　　B. .docx　　　　　　C. .xlsx　　　　　　D. .doc

13. 在 Word 2010 窗口的编辑区，闪烁的一条竖线表示（　　）。

    A. 鼠标位置　　　B. 光标位置　　　　C. 拼写错误　　　　D. 文本位置

14. 在 Word 2010 中选取某一个自然段落时，可将鼠标指针移到该段落区域内（　　）。

    A. 单击　　　　　B. 双击　　　　　　C. 右击　　　　　　D. 右击

15. 在 Word 2010 中，需要删除一个字，当光标在该字的前面，应按（　　）。

    A. 删除键　　　　B. 空格键　　　　　C. 退格键　　　　　D. 回车键

16. 在 Word 操作过程中能够显示总页数、页号和页数等信息的是（　　）。

    A. 状态栏　　　　　　　　　　　　　B. 菜单栏

    C. 快速访问工具栏　　　　　　　　　D. 标题栏

17. 需在文档中选定文档中的一个矩形区域时，应在拖动鼠标前按下（　　）。

    A.【Ctrl】键　　　B.【Alt】键　　　　C.【Shift】键　　　D. 空格键

18. 在 Word 2010 中选定一行文本的方法是（　　）。

    A. 将鼠标箭头置于目标处，单击

    B. 将鼠标箭头置于此行左侧的选定栏，出现箭头形状的选定光标时单击

    C. 用鼠标在此行的选定栏三击

    D. 将鼠标箭头定位到该行中，当出现闪烁的光标时，连续三次单击

19. 将插入点定位于句子"风吹草低见牛羊"中的"草"与"低"之间，按【Delete】键，则该句子为（　　）。

    A. 风吹草见牛羊　　B. 风吹见牛羊　　C. 整句被删除　　D. 风吹低见牛羊

20. Word 2010 中，不属于"开始"功能区的是（　　）。

    A. 文本　　　　　B. 字体　　　　　　C. 段落　　　　　　D. 样式

21. 如果要隐藏文档中的标尺，可以通过（　　）选项卡来实现。

    A. 插入　　　　　B. 编辑　　　　　　C. 视图　　　　　　D. 开始

22. 在 Word 2010 中，要将"中文"文本复制到插入点，应先将"中文"选中，再（　　）。

    A. 直接拖动文本到插入点

    B. 在【开始】/【剪贴板】组单击"剪切"按钮，再在插入点单击"粘贴"按钮

C. 在【开始】/【剪切板】组单击"复制"按钮 📄，再在插入点单击"粘贴"按钮 📋

D. 先按【Ctrl+C】组合键，再按【Ctrl+V】组合键

23. 单击"格式刷"按钮 🖌 可以进行（   ）操作。

    A. 复制文本的格式   B. 保存文本   C. 复制文本   D. 清除文本格式

24. 选择文本，在"字体"组中单击"字符边框"按钮 🄰，可（   ）。

    A. 为所选文本添加默认边框样式

    B. 为当前段落添加默认边框样式

    C. 为所选文本所在的行添加边框样式

    D. 自定义所选文本的边框样式

25. 为文本添加项目符号后，"项目符号库"栏下的"更改列表级别"选项将呈可用状态，此时，（   ）。

    A. 在其子菜单中可调整当前项目符号的级别

    B. 在其子菜单中可更改当前项目符号的样式

    C. 在其子菜单中可自定义当前项目符号的级别

    D. 在其子菜单中可自定义当前项目符号的样式

26. Word 2010 中的格式刷可用于复制文本或段落的格式，若要将选中的文本或段落格式重复应用多次，应（   ）。

    A. 单击格式刷   B. 双击格式刷   C. 右击格式刷   D. 拖动格式刷

27. 在 Word 2010 中，输入的文字默认的对齐方式是（   ）。

    A. 左对齐   B. 右对齐   C. 居中对齐   D. 两端对齐

28. "左缩进"和"右缩进"调整的是（   ）。

    A. 非首行   B. 首行   C. 整个段落   D. 段前距离

29. 修改字符间距的位置是（   ）。

    A. "段落"对话框中的"缩进与间距"选项卡

    B. 两端对齐

    C. "字体"对话框中的"高级"选项卡

    D. 分散对齐

30. 给文字加上着重符号，可通过（   ）实现。

    A. "字体"对话框   B. "段落"对话框

    C. "字符"对话框   D. "符号"对话框

31. 在 Word 2010 中，同时按住（   ）和【Enter】键可以不产生新的段落。

    A. 【Alt】键   B. 【Shift】键

    C. 【Ctrl】键   D. 【Ctrl+Shift】组合键

32. Word 2010 根据字符的大小自动调整行距，此行距称为（   ）行距。

    A. 5 倍行距   B. 单倍行距   C. 固定值   D. 最小值

33. Word 2010 中插入图片的默认版式为（   ）。

    A. 嵌入型   B. 紧密型   C. 浮于文字上方   D. 四周型

34. 下列不属于 Word 2010 的文本效果的是（   ）。

    A. 轮廓   B. 阴影   C. 发光   D. 三维

35. 在 Word 2010 中使用标尺可以直接设置段落缩进，标尺顶部的三角形标记用于设置（　　）。

    A. 首行缩进　　　　B. 悬挂缩进　　　　C. 左缩进　　　　D. 右缩进

36. 选择文本，按【Ctrl+B】组合键后，字体会（　　）。

    A. 加粗　　　　　　B. 倾斜　　　　　　C. 加下划线　　　　D. 设置成上标

37. 在 Word 2010 中进行"段落设置"，如果设置"右缩进 2 厘米"，则其含义是（　　）。

    A. 对应段落的首行右缩进 2 厘米

    B. 对应段落除首行外，其余行都右缩进 2 厘米

    C. 对应段落的所有行在右页边距 2 厘米处对齐

    D. 对应段落的所有行都右缩进 2 厘米

38. 在 Word 2010 中，为文字设置上标和下标效果应在（　　）功能区中。

    A. 字体　　　　　　B. 格式　　　　　　C. 插入　　　　　　D. 开始

39. 使图片按比例缩放的方法为（　　）。

    A. 拖动中间的控制点　　　　　　　　B. 拖动四角的控制点

    C. 拖动图片边框线　　　　　　　　　D. 拖动边框线的控制点

40. 为了防止他人随意查看 Word 2010 文档信息，可为文档添加密码保护，一般可通过（　　）实现。

    A. 选择【文件】/【信息】命令中的"保护文档"选项

    B. 将文档设置为只读文件

    C. 将文档设置为禁止编辑状态

    D. 为文档添加数字签名

二、多选题

1. 下列操作中，可以打开 Word 2010 文档的操作是（　　）。

    A. 双击已有的 Word 文档

    B. 选择【文件】/【打开】菜单命令

    C. 按【Ctrl+O】组合键

    D. 选择【文件】/【最近所用的文件】菜单命令

2. 在 Word 2010 中能关闭文档的操作有（　　）。

    A. 选择【文件/【关闭】命令

    B. 单击文档标题栏右端的 ▨ 按钮

    C. 在标题栏上单击鼠标右键，在弹出的快捷菜单中选择"关闭"命令

    D. 选择【文件/【保存】命令

3. 关于"保存"与"另存为"说法中错误的有（　　）。

    A. 在文件第一次保存时，两者功能相同

    B. "另存为"是将文件另外再保存一份，但不可以重新命名文件

    C. 用"另存为"保存的文件不能与原文件同名

    D. 在保存旧文档时，两者功能相同

4. 保存正在编辑的文件的操作为（　　）。

    A. 单击标题栏上的"保存"按钮 ▨　　　　B. 选择【文件】/【保存】命令

C. 按【Ctrl+S】组合键   D. 按【F12】键

5. Word 2010 中可隐藏（　　）。

    A. 功能区   B. 标尺   C. 网格线   D. 导航窗格

6. 在 Word 2010 中，文档可以保存为（　　）格式。

    A. Web 页   B. 纯文本   C. PDF 文档   D. RTF 文档

7. 拆分 Word 文档窗口的方法正确的有（　　）。

    A. 按【Ctrl+Alt+S】组合键

    B. 按【Ctrl+Shift+S】组合键

    C. 拖动垂直滚动条上方的"拆分"按钮

    D. 在【视图】/【窗口】组单击"拆分"按钮

8. 在 Word 2010 中，若选定整个段落，可执行的操作为（　　）。

    A. 鼠标在行首单击，然后按【Shift】键再单击段尾

    B. 在段落左侧的空白处快速双击

    C. 鼠标的段内任意处快速三击

    D. 按【Ctrl】键在段内任意处单击

9. 在 Word 2010 中的"查找与替换"对话框中查找内容包括（　　）。

    A. 样式   B. 字体   C. 段落标记   D. 图片

10. 插入手动分页符的方法有（　　）。

    A. 在【页面布局】/【页面设置】组中单击"分隔符"按钮，在打开的下拉列表中选择"分页符"选项

    B. 在【插入】/【页】组中单击"分页"按钮

    C.【Ctrl+Enter】组合键

    D.【Shift+Enter】组合键

11. Word 2010 中，如果要设置段落缩进，应该使用以下哪几种操作（　　）。

    A. 在【开始】/【样式】组进行设置

    B. 选择【开始】/【段落】组进行设置

    C. 移动标尺上的段落缩进游标

    D. 在"段落"对话框的"缩进"栏进行设置

12. 在 Word 2010 "段落"对话框中能完成的操作有（　　）。

    A. 设置段落缩进   B. 设置项目符号

    C. 设置段落间距   D. 设置字符间距

13. 下列段落缩进中，属于 Word 2010 的缩进效果的是（　　）。

    A. 左缩进   B. 右缩进   C. 悬挂缩进   D. 首行缩进

14. 在 Word 2010 中，以下有关"项目符号"的说法正确的是（　　）。

    A. 项目符号可以是英文字母   B. 项目符号可以改变格式

    C. 项目符号可以是计算机中的图片   D. 项目符号可以自动顺序生成

15. 编号可以是（　　）。

    A. 罗马数字   B. 汉字数字   C. 英文字母   D. 带圈数字

16. 在 Word 2010 中，如果要在文档中层叠图形对象，应执行（　　）操作。

    A. 在右键菜单中选择"叠放次序"命令

B. 在右键菜单中选择"组合"命令

C. 在【绘图工具】/【格式】/【排列】组单击"上移一层"按钮 或"下移一层"按钮

D. 在【绘图工具】/【格式】/【排列】组单击"位置"按钮

17. 利用"带圈字符"命令可以给字符加上（　　　）。

　　A. 圆形　　　　　　　B. 正方形　　　　　C. 三角形　　　　　D. 菱形

18. 在 Word 2010 中，可以将边框添加到（　　　）。

　　A. 文字　　　　　　　B. 段落　　　　　　C. 页面　　　　　　D. 表格

19. 在 Word 中选择多个图形，可（　　　）。

　　A. 按【Ctrl】键，依次选取　　　　　B. 按【Shift】键，再依次选取

　　C. 按【Alt】键，依次选取　　　　　D. 按【Shift+ Ctrl】键，依次选取

20. 以下关于"项目符号"的说法正确的是（　　　）。

　　A. 可以使用"项目符号"按钮 来添加　　B. 可以使用软键盘来添加

　　C. 可以使用格式刷来添加　　　　　　　D. 可以自定义项目符号样式

三、判断题

1. Word 2010 可将正在编辑的文档另存为一个纯文本（TXT）文件。（　　　）

2. Word 2010 允许同时打开多个文档。（　　　）

3. 第一次启动 Word 后系统自动创建一个空白文档，并命名为"新文档.docx"。（　　　）

4. 使用"文件"菜单中的"打开"命令可以打开一个已存在的 Word 文档。（　　　）

5. 保存已有文档时，程序不会进行任何提示，直接将修改保存下来。（　　　）

6. 默认情况下，Word 2010 是以可读写的方式打开文档的，为了保护文档不被修改，用户可以以只读方式或以副本方式打开文档。（　　　）

7. 在 Word 2010 中向前滚动一页，可通过按【PageDown】键来完成。（　　　）

8. 按住【Ctrl】键的同时滚动鼠标滚轮可以调整显示比例，滚轮每滚动一格，显示比例增大或减小 100%。（　　　）

9. 在 Word 2010 中，滚动条的作用是控制文档内容在页面中的位置。（　　　）

10. Word 2010 的浮动工具栏只能设置字体的字形、字号和颜色。（　　　）

11. 当执行了误操作后，可以单击"撤销"按钮 撤销当前操作，还可以从下拉列表中执行多次撤销或恢复多次撤销的操作。（　　　）

12. 在 Word 2010 中，"剪切"和"复制"命令只有在选定对象后才能使用。（　　　）

13. 可以同时打开多个文档窗口，但其中只有一个是活动窗口。（　　　）

14. 如果需要对文本格式化，必须先选择被格式化的文本，然后再对其进行操作。（　　　）

15. 使用【Delete】键删除的图片，可以粘贴回来。（　　　）

16. 从第二行开始，相对于第一行左侧的的偏移量称为首行缩进。（　　　）

17. Word 2010 提供的撤销功能，只能撤销最近的上一步操作。（　　　）

18. Word 2010 进行高级查找和替换操作时，常使用的通配符有 ? 和 *，其中 * 表示一个任意字符，? 表示任意多个字符。（　　　）

19. 在进行替换操作时，如果"替换为"文本框中未输入任何内容，则不会进行替换操作。（　　　）

20. 在 Word 2010 中，使用【Ctrl+H】组合键可以打开"查找和替换"对话框。（　　）

21. 使用快捷键【Ctrl+D】组合键可以打开"段落"对话框。　（　　）

22. 对 Word 2010 中的字符进行水平缩放时，应在"字体"对话框的"高级"选项卡中选择缩放的比例，缩放比例大于 100%，字体就趋于宽扁。（　　）

23. Word 2010 中提供了横排和竖排两种类型的文本框。（　　）

24. 在文本框中不可以插入图片。（　　）

25. 通过改变文本框的文字方向不可以实现横排和竖排的转换。（　　）

26. Word 2010 中不能插入剪贴画。（　　）

27. 在插入艺术字时，既能设置字体，又能设置字号。（　　）

28. Word 2010 中被剪掉的图片可以恢复。（　　）

29. SmartArt 图形是信息和观点的视觉表示形式。（　　）

30. Word 2010 具有将用户需要的页面内容转化为图片的插入对象的功能。（　　）

情境二　排版文档

一、单选题

1. 若要在 Word 2010 中删除表格中的某单元格所在行，则应选择"删除单元格"对话框中的（　　）。

    A. 右侧单元格左移　　　　　　　　B. 下方单元格上移

    C. 删除整行　　　　　　　　　　　D. 删除整列

2. 下列关于 Word 2010 中拆分单元格的说法正确的是（　　）。

    A. 只能把表格拆分为多行　　　　　B. 只能把表格拆分为多列

    C. 可以拆分成设置的行列数　　　　D. 拆分的单元格必须是合并后的单元格

3. Word 2010 表格功能相当强大，当把插入点定位在表的最后一行的最后一个单元格时，按【Tab】键，将（　　）。

    A. 增加一个制表符空格　　　　　　B. 增加新列

    C. 增加新行　　　　　　　　　　　D. 插入点移到第一行的第一个单元格

4. 在选定了整个表格之后，若要删除整个表格中的内容，可执行（　　）操作。

    A. 在右键菜单中选择"删除表格"命令　B. 按【Delete】键

    C. 按【Space】键　　　　　　　　D. 按【Esc】键

5. 在改变表格中某列宽度时不会影响其它列宽度的操作是（　　）。

    A. 直接拖动某列的右边线

    B. 直接拖动某列的左边线

    C. 拖动某列右边线的同时，按住【Shift】键

    D. 拖动某列右边线的同时，按住【Ctrl】键

6. 在 Word 2010 中，"页码"格式是在（　　）对话框中设置。

    A. 页面设置　　　B. 页眉和页脚　　　C. 页码格式　　　D. 稿子设置

7. Word 2010 具有分栏的功能，下列关于分栏的说法中，正确的是（　　）。

    A. 最多可以设置 3 栏　　　　　　　B. 各栏的栏宽度可以设置

C. 各栏的宽度是固定的　　　　　　　　D. 各栏之间的间距是固定的

8. 下面对 Word 2010 "首字下沉" 的说法正确的是（　　　）。

　　A. 可设置两个字符的下层　　　　　　B. 可以下沉三行字的位置

　　C. 最多只能下沉三行　　　　　　　　D. 可设置下沉字符与正文的距离

9. Word 2010 的模板文件的扩展名是（　　　）。

　　A. .dot　　　　　　B. .xlsx　　　　　　C. .dotx　　　　　　D. .docx

10. 在 Word 2010 中进行文字校对时，正确的操作是（　　　）。

　　A. 选择【文件】/【选项】命令

　　B. 在【审阅】/【校对】组单击 "信息检索" 按钮

　　C. 在【审阅】/【校对】组单击 "修订" 按钮

　　D. 在【审阅】/【校对】组单击 "拼写和语法" 按钮

11. Word 2010 使用模板创建文档的过程是（　　　），然后选择模板名。

　　A. 选择【文件】/【打开】菜单命令

　　B. 选择【文件】/【选项】菜单命令

　　C. 选择【文件】/【新建模板文档】菜单命令

　　D. 选择【文件】/【新建】菜单命令

12. 有关样式的说法正确的是（　　　）。

　　A. 用户可以使用样式，但必须先创建样式

　　B. 用户可以使用 Word 预设的样式，也可以自己自定义样式

　　C. Word 没有预设的样式，用户只能先建立后再去使用

　　D. 用户可以使用 Word 预设的样式，但不能自定义样式

13. 在 Word 2010 窗口中，若光标停在某个字符之前，当选择某样式时，对当前起作用的是（　　　）。

　　A. 字段　　　　　　B. 行　　　　　　C. 段落　　　　　　D. 文档中的全部段落

14. 当用户输入错误的或系统不能识别的文字时，Word 2010 会在文字下面以（　　　）标注。

　　A. 红色直线　　　　B. 红色波浪线　　　C. 绿色直线　　　　D. 绿色波浪线

15. 在 Word 2010 的编辑状态，为文档设置页码，可以使用（　　　）。

　　A.【引用】/【目录】组　　　　　　　B.【开始】/【样式】组

　　C.【插入】/【页】组　　　　　　　　D.【插入】/【页眉页脚】组

16. Word 2010 的页边距可以通过（　　　）设置。

　　A.【插入】/【插图】组　　　　　　　B.【开始】/【段落】组

　　C.【页面布局】/【页面设置】组　　　D.【文件】/【选项】菜单命令

17. 在 Word 2010 中，要为段落插入书签应在（　　　）设置。

　　A.【页面布局】/【段落】组　　　　　B.【开始】/【段落】组

　　C.【页面布局】/【页面设置】组　　　D.【插入】/【链接】组

18. 在 Word 2010 中预览文档打印后的效果，需要使用（　　　）功能。

　　A. 打印预览　　　　B. 虚拟打印　　　C. 提前打印　　　　D. 屏幕打印

19. 以下关于 Word 2010 页面布局的功能，说法错误的是（　　　）。

　　A. 页面布局功能可以为文档设置首字下层

　　B. 页面布局功能可以设置文档分隔符

  C. 页面布局功能可以设置稿纸效果

  D. 页面布局功能可以为段落设置缩进与间距

20. 打印一个文件的第 7 页、第 12 页，页码范围设定正确的是（ ）。

  A. 7-12   B. 7/12   C. 7,12   D. 7～12

21. 在 Word 2010 中，要对文档进行翻译，需执行（ ）操作。

  A. 在【审阅】/【校对】组单击"信息检索"按钮

  B. 在【审阅】/【语言】组单击"翻译"按钮

  C. 在【审阅】/【校对】组单击"语言"按钮

  D. 在【审阅】/【语言】组单击"语言"按钮

22. 下面有关 Word 2010 校对功能的叙述，正确的是（ ）。

  A. 可以查出文档中的拼写和语法错误，但不能提供改错功能

  B. 可以查出文档中的拼写和语法错误，并能给出相应的修改意见

  C. 不能查出文档中的拼写和语法错误，也不具有改错功能

  D. 不能查出文档中的拼写和语法错误，但可以就文档中的错误给出相应的修改意见

23. 下面关于 Word 2010 页码与页眉页脚的描述，正确的是（ ）。

  A. 页眉页脚就是页码

  B. 页眉页脚与页码分别设定，所以二者毫无关系

  C. 页码只能设置在页眉页脚

  D. 页码可以插入到页眉页脚中

24. 在 Word 2010 中打印文档时，取消打印应该（ ）。

  A. 选择【文件】/【取消打印】菜单命令

  B. 关闭正在打印的文档

  C. 按【Esc】键取消打印操作

  D. 在"开始"菜单中选择"设备和打印机"菜单命令。在打印机图标上单击鼠标右键，在弹出的快捷菜单中选择"查看正在打印什么"命令，然后在打开的窗口中选择取消打印的文件，选择【文档】/【取消】菜单命令

25. 在 Word 2010 的编辑状态下，设置纸张大小时，应当（ ）。

  A. 选择【文件】/【页面设置】命令

  B. 在快速访问工具栏单击"纸张大小"按钮

  C. 在【视图】/【页面设置】组单击"纸张大小"按钮

  D. 在【页面布局】/【页面设置】组单击"纸张大小"按钮

26. 在打印预览状态，若需打印文件，则（ ）。

  A. 只能在打印预览状态打印

  B. 在打印预览状态不能打印

  C. 在打印预览状态也可以直接打印

  D. 必须退出打印预览状态后才可以打印

27. 完成"修订"操作必须通过（ ）功能区进行。

  A. 页面布局   B. 开始   C. 引用   D. 审阅

28. 选择（ ）选项卡可以实现简体中文与繁体中文的转换。

  A. 开始   B. 视图   C. 审阅   D. 引用

29. 对于 Word 2010 中表格的叙述，正确的是（　　）。

    A. 表格中的数据可以进行公式计算   B. 表格中的文本只能垂直居中

    C. 表格中的数据不能排序   D. 只能在表格的外框画粗线

二、多选题

1. 在 Word 2010 中，人工设定分页符的方法是（　　）。

    A. 选择【文件】/【页面设置】命令

    B. 单击【视图】/【显示】组的"分隔符"按钮

    C. 单击【插入】/【页】组的"分页"按钮

    D. 单击【页面布局】/【页面设置】组的"分隔符"按钮

2. 下面关于 Word 2010 样式的叙述，正确的是（　　）。

    A. 修改样式后将自动修改使用该样式的文本格式

    B. 样式可以简化操作，节省更多的时间

    C. 样式不能重复使用

    D. 样式是 Word 中最强有力的工具之一

3. 在 Word 2010 中打开"打印"界面的快捷键有（　　）。

    A.【Ctrl+P】组合键   B.【Ctrl+ F2】组合键

    C.【Ctrl+M】组合键   D.【Ctrl+F3】组合键

4. Word 2010 对文档可进行的检查有（　　）。

    A. 英文拼写   B. 英文语法   C. 中文拼写   D. 中文语法

5. 在设置打印文档时，用户可以选择的打印方式有（　　）。

    A. 打印整篇文档   B. 打印当前页

    C. 打印指定的页   D. 打印选定的内容

6. 下面关于 Word 2010 排版的说法，正确的有（　　）。

    A. 在同一页面上可同时存在不同的分栏格式

    B. 通过使用样式，用户可以统一设置文本的字体、字号和段落对齐方式

    C. 用户可以自定义多个字符或段落样式

    D. 用户可以为新样式设置一个快捷键，以使排版更方便

7. 有关 Word 2010 文档分页的叙述正确的有（　　）。

    A. 分页符不能被打印出来

    B. Word 文档可以自动分页，也可以人工分页

    C. 将插入点置于分页符上按任意键可将其删除

    D. 分页符标志着前一页的结束和一个新页的开始

8. 在 Word 2010 中，不能在"打印"界面中进行设置的项目有（　　）。

    A. 打印份数   B. 打印范围   C. 页眉页脚的设置 D. 页码的位置

9. 在 Word 2010 中，在文档中插入图片对象后，可以通过设置图片的文字环绕方式进行图文混排，下列属于 Word 提供的文字环绕方式有（　　）。

    A. 四周型   B. 衬于文字下方   C. 嵌入型   D. 左右型

10. 在 Word 2010 中，可设置的视图方式有（　　）。

    A. 页面视图   B. 阅读版式视图   C. Web 版式视图   D. 草稿视图

三、判断题

1. 文本可以转换为表格内容，表格内容不能转换为文本内容。（　　）

2. 在 Word 2010 中编辑文本时，编辑区显示的"网格线"不会打印在纸上。（　　）

3. 将文档分左右两个版面的功能叫作分栏，将段落的第一字放大突击显示的是首字下沉功能。（　　）

4. Word 表格由若干行和若干列组成，行和列交叉的地方称为单元格。（　　）

5. 在 Word 2010 的表格中，多个单元格不能合并成一个单元格。（　　）

6. 在 Word 2010 中可以插入表格，而且可以对表格进行绘制、擦除、合并和拆分单元格、插入和删除行列等操作。　　（　　）

7. 在 Word 2010 中，只能设置整个表格底纹，不能对单个单元格进行底纹设置。（　　）

8. 在 Word 2010 中，只要插入的表格选取了一种表格样式，就不能更改表格样式和进行表格的修改。（　　）

9. 页边距可以通过标尺设置。（　　）

10. 当前文档最多可分为三栏。（　　）

11. 页眉与页脚一经插入，就不能修改了。（　　）

12. 在 Word 2010 中，文本可以套用各种样式，还可以更改样式。（　　）

13. 用户可以使用系统定义的样式，也可以使用自定义样式。（　　）

14. 在 Word 2010 中，不能创建"书法字帖"文档类型。（　　）

15. 在 Word 2010 中，可以插入"页眉和页脚"，但不能插入"日期和时间"。（　　）

16. 在 Word 2010 中，不但能插入封面和页码，而且可以制作文档目录。（　　）

17. 在 Word 2010 中，不但能插入内置公式，还可以插入新公式并可通过"公式工具"功能区进行公式编辑。（　　）

18. 被红色波浪线划出的单词一定有错误。（　　）

19. 当出现语法错误时，不进行改正而直接忽略，绿色的波浪线也会消失。（　　）

20. 向文档中插入页码后，只会在当前页显示页码。（　　）

21. 通过插入分栏符，用户可以对还未填满一页的文本进行强制性分页。（　　）

22. 在编辑页眉页脚时，可同时编辑正文。（　　）

23. 在 Word 2010 中，用户可以对自己所建立的公式进行修改。（　　）

24. 在"打印"界面中，用户可以进行"中止或暂停打印"的操作。（　　）

25. 在 Word 2010 中，页面设置是针对整个文档进行的。（　　）

26. 在 Word 2010 中，在大纲视图下不能显示页眉和页脚。（　　）

27. 在 Word 2010 中，文档默认的模板名为.doc。（　　）

28. 打印时，如果只打印第 2、第 6 和第 7 页，应设置"页面范围"为"2、6、7"。（　　）

29. 打印预览时，打印机必须是已经开启的。　　（　　）

30. 通过按下【Ctrl + F2】组合键，既可以打开也可以关闭打印预览状态。（　　）

项目四 Excel 2010 电子表格软件的应用

情境一 Excel 2010 基本操作

一、单选题

1. Excel 的主要功能是（　　）。
   A. 表格处理、文字处理、文件管理　　　B. 表格处理、网络通信、图形处理
   C. 表格处理、数据库处理、图形处理　　D. 表格处理、数据处理、网络通信

2. Excel 是一种常用的（　　）软件。
   A. 文字处理　　　　B. 电子表格　　　　C. 打印印刷　　　　D. 办公应用

3. Excel 2010 工作簿文件的扩展名为（　　）。
   A. xlsx　　　　　　B. docx　　　　　　C. pptx　　　　　　D. xls

4. 按（　　），可执行保存 Excel 工作簿的操作。
   A.【Ctrl + C】组合键　　　　　　　　B.【Ctrl + E】组合键
   C.【Ctrl + S】组合键　　　　　　　　D.【Esc】键

5. 在 Excel 中，Sheet1、Sheet2……等表示（　　）。
   A. 工作簿名　　　　B. 工作表名　　　　C. 文件名　　　　D. 数据

6. 在 Excel 中，组成电子表格的最基本单位是（　　）。
   A. 数字　　　　　　B. 文本　　　　　　C. 单元格　　　　D. 公式

7. 工作表是用行和列组成的表格，其行、列分别用（　　）表示。
   A. 数字和数字　　　B. 数字和字母　　　C. 字母和字母　　D. 字母和数字

8. 工作表标签显示的内容是（　　）。
   A. 工作表的大小　　B. 工作表的属性　　C. 工作表的内容　　D. 工作表名称

9. 在 Excel 中存储和处理数据的文件是（　　）。
   A. 工作簿　　　　　B. 工作表　　　　　C. 单元格　　　　D. 活动单元格

10. 在 Excel 中打开"打开"对话框，可按组合键（　　）。
    A.【Ctrl+N】　　　B.【Ctrl+S】　　　C.【Ctrl+O】　　　D.【Ctrl+Z】

11. 一个 Excel 工作簿中含有（　　）个默认工作表。

A. 1　　　　　　 B. 3　　　　　　 C. 16　　　　　　 D. 256

12. Excel 文档包括（　　　）。

　　A. 工作表　　　　　 B. 工作簿　　　　　 C. 编辑区域　　　　 D. 以上都是

13. 下列关于工作表的描述，正确的是（　　　）。

　　A. 工作表主要用于存取数据

　　B. 工作表的名称显示在工作簿顶部

　　C. 工作表无法修改名称

　　D. 工作表的默认名称为"Sheet1，Sheet2,……"

14. Excel 中第二列第三行单元格使用标号表示为（　　　）。

　　A. C2　　　　　　 B. B3　　　　　　 C. C3　　　　　　 D. B2

15. 在 Excel 工作表中，✎按钮的功能为（　　　）。

　　A. 复制文字　　　 B. 复制格式　　　 C. 重复打开文件　　 D. 删除当前所选内容

16. 在 Excel 工作表中，如果要同时选取若干个连续的单元格，可以（　　　）。

　　A. 按住【Shift】键，依次单击所选单元格

　　B. 按住【Ctrl】键，依次单击所选单元格

　　C. 按住【Alt】键，依次单击所选单元格

　　D. 按住【Tab】键，依次单击所选单元格

17. 在默认情况下，Excel 工作表中的数据呈白底黑字显示。为了使工作表更加美观，可以为工作表填充颜色，此时一般可通过（　　　）进行操作。

　　A.【页面布局】/【背景设置】组　　　　　 B.【页面布局】/【主题】组

　　C.【页面布局】/【页面设置】组　　　　　 D.【页面布局】/【排列】组

18. 快速新建工作簿，可使用的组合键是（　　　）。

　　A.【Shift+O】　 B.【Ctrl+O】　 C.【Ctrl+N】　 D.【Alt+O】

19. 在 Excel 中，A1 单元格设定其数字格式为整数，当输入"11.15"时，显示为（　　　）。

　　A. 11.11　　　　 B. 11　　　　　　 C. 12　　　　　　 D. 11.2

20. 当输入的数据位数太长，一个单元格放不下时，数据将自动改为（　　　）

　　A. 科学记数　　　 B. 文本数据　　　 C. 备注类型　　　 D. 特殊数据

21. 在 Excel 2010 中，输入"（2）"，单元格将显示（　　　）。

　　A.（2）　　　　　 B. 2　　　　　　 C. −2　　　　　　 D. 0、2

22. 在默认状态下，单元格中数字的对齐方式是（　　　）。

　　A. 左对齐　　　　 B. 右对齐　　　　 C. 居中　　　　　 D. 两边对齐

23. Excel 的默认的单元格宽度是（　　　）。

　　A. 9.38　　　　　 B. 8.38　　　　　 C. 7.38　　　　　 D. 6.38

24. 在 Excel 中，单元格中的换行可以按（　　　）键。

　　A.【Ctrl+Enter】　 B.【Alt+Enter】　 C.【Shift+Enter】　 D.【Enter】

25. 在 Excel 中，不可以通过"清除"命令清除的是（　　　）。

　　A. 表格批注　　　 B. 拼写错误　　　 C. 表格内容　　　 D. 表格样式

26. 在 Excel 中，先选择 A1 单元格，然后按住【Shift】键，并单击 B4 单元格，此时所选单元格区域为（　　　）。

　　A. A1:B4　　　　 B. A1:B5　　　　 C. B1:C4　　　　 D. B1:C5

27. 将所选的多列单元格按指定数字调整为等列宽，最快捷的方法为（　　　）。

    A. 直接在列标处拖动到等列宽

    B. 选择多列单元格拖动

    C. 选择【开始】→【单元格】→【格式】→【列】→【列宽】命令

    D. 选择【开始】→【单元格】→【格式】→【列】→【最合适列宽】命令

28. 在 Excel 中，删除单元格与清除单元格的操作（　　　）。

    A. 不一样　　　　　B. 一样　　　　　C. 不确定　　　　　D. 确定

29. 在输入邮政编码、电话号码和产品代号等文本时，只要在输入时加上一个（　　　），Excel 就会把该数字作为文本处理，使其沿单元格左边对齐。

    A. 双撇号　　　　　B. 单撇号　　　　　C. 分号　　　　　D. 逗号

30. 在单元格中输入公式时，完成输入后单击编辑栏上的✔按钮，该操作表示（　　　）。

    A. 取消　　　　　B. 确认　　　　　C. 函数向导　　　　　D. 拼写检查

31. 在 Excel 中的，编辑栏中的✖按钮相当于（　　　）键。

    A.【Enter】　　　　　B.【Esc】　　　　　C.【Tab】　　　　　D.【Alt】

32. 当 Excel 单元格中的数值长度超出单元格长度时，将显示为（　　　）。

    A. 普通计数法　　　B. 分数计数法　　　C. 科学技术法　　　D. ########

33. 在编辑工作表时，隐藏的行或列在打印时将（　　　）。

    A. 被打印出来　　　B. 不被打印出来　　　C. 不确定　　　D. 以上都不正确

34. 在 Excel 2010 中移动或复制公式单元格时，以下说法正确的是（　　　）。

    A. 公式中的绝对地址和相对地址都不变

    B. 公式中的绝对地址和相对地址都会自动调整

    C. 公式中的绝对地址不变，相对地址自动调整

    D. 公式中的绝对地址自动调整，相对地址不变

35. 下列属于 Excel 2010 提供的主题样式的是（　　　）。

    A. 字体　　　　　B. 颜色　　　　　C. 效果　　　　　D. 以上都正确

36. Excel 2010 图表中的水平 X 轴通常用来作为（　　　）。

    A. 排序轴　　　　　B. 分类轴　　　　　C. 数值轴　　　　　D. 时间轴

37. 对数据表进行自动筛选后，所选数据表的每个字段名旁都对应着一个（　　　）。

    A. 下拉按钮　　　　　B. 对话框　　　　　C. 窗口　　　　　D. 工具栏

38. 在对数据进行分类汇总之前，必须先对数据（　　　）。

    A. 按分类汇总的字段排序，使相同的数据集中在一起

    B. 自动筛选

    C. 按任何一字段排序

    D. 格式化

39. 在单元格中计算"2789+12345"的和时，应该输入（　　　）。

    A. 2789+12345　　　B. =2789+12345　　　C. 278912345　　　D. 2789，1234

40. 在 Excel 2010 中，除了可以直接在单元格中输入函数外，还可以单击编辑栏上的（　　　）按钮来输入函数。

    A. ∑　　　　　B. fx　　　　　C. SUM　　　　　D. 查找与引用

41. 单元格引用随公式所在单元格位置的变化而变化，这属于（　　　）。

A. 相对引用　　　　B. 绝对引用　　　　C. 混合引用　　　　D. 直接引用

42. 在下列选项中，不属于 Excel 视图模式的是（　　　　）。

A. 普通视图　　　　B. 页面布局视图　　　　C. 分页预览视图　　　　D. 演示视图

43. Excel 日期格式默认为"年/月/日"，若要将日期格式改为"x 年 x 月 x 日"，可通过选择（　　　　）功能组，打开"设置单元格格式"对话框进行选择。

A.【开始】/【数字】　　　　　　　　　　B.【开始】/【样式】

C.【开始】/【编辑】　　　　　　　　　　D.【开始】/【单元格】

44. 在下列操作中，可以在选定的单元格区域输入相同数据的是（　　　　）。

A. 在输入数据后按【Ctrl＋空格】组合键　　B. 在输入数据后按【Enter】键

C. 在输入数据后按【Ctrl＋回车】组合键　　D. 在输入数据后按【Shift＋回车】组合键

45. 如果要在 B2:B11 区域中输入数字序号 1，2，3，……10，可先在 B2 单元格中输入数字 1，再选择单元格 B2，按住（　　　　）键不放，用鼠标拖动填充柄至 B11。

A.【Alt】　　　　B.【Ctrl】　　　　C.【Shift】　　　　D.【Insert】

46. 合并单元格是指将选定的连续单元区域合并为（　　　　）。

A. 1 个单元格　　B. 1 行 2 列　　C. 2 行 2 列　　D. 任意行和列

47. 如果将选定单元格（或区域）的内容消除，单元格依然保留，称为（　　　　）。

A. 重写　　　　B. 删除　　　　C. 改变　　　　D. 清除

48. 为所选单元格区域快速套用表格样式，应通过（　　　　）。

A. 选择【开始】/【编辑】组　　　　　　　B. 选择【开始】/【样式】组

C. 选择【开始】/【单元格】组　　　　　　D. 选择【页面布局】/【页面样式】组

49. 在 Excel 中插入超链接时，下列方法错误的是（　　　　）。

A. 可以通过现有文件或网页插入超链接

B. 可以在本文档的位置中插入超链接

C. 可以插入电子邮件

D. 可以插入本地任意文件

50. 工作表被保护后，该工作表中的单元格的内容、格式（　　　　）。

A. 可以修改　　　　　　　　　　　　　　B. 不可修改、删除

C. 可以被复制、填充　　　　　　　　　　D. 可移动

51. 工作表 Sheet1、Sheet2 均设置了打印区域，当前工作表为 Sheet1，执行【文件】/【打印】命令后，在默认状态下将打印（　　　　）。

A. Sheet1 中的打印区域

B. Sheet1 中键入数据的区域和设置格式的区域

C. 在同一页打印 Sheet1、Sheet2 中的打印区域

D. 在不同页打印 Sheet1、Sheet2 中的打印区域

52. 在编辑工作表时，将第 3 行隐藏起来，编辑后打印该工作表时，对第 3 行的处理为（　　　　）。

A. 打印第 3 行　　B. 不打印第 3 行　　C. 不确定　　D. 都不对

二、多选题

1. 关于电子表格的基本概念，正确的是（　　　　）。

A. 工作簿是 Excel 中存储和处理数据的文件

B. 工作表是存储和处理数据的工作单位

C. 单元格是存储和处理数据的基本编辑单位

D. 活动单元格是已输入数据的单元格

2. 在对下列内容进行粘贴操作时，一定要使用选择性粘贴的是（　　）。

A. 公式 　　　　　B. 文字 　　　　　C. 格式 　　　　　D. 数字

3. 以下关于 Excel 的叙述中，错误的是（　　）。

A. Excel 将工作簿的每一张工作表分别作为一个文件来保存

B. Excel 允许同时打开多个工作簿进行文件处理

C. Excel 的图表必须与生成该图表的有关数据处于同一张工作表中

D. Excel 工作表的名称由文件名决定

4. 下列选项中，可以新建工作簿的操作为（　　）。

A. 选择【文件】/【新建】菜单命令 　　　B. 利用快速访问工具栏的新建按钮

C. 使用模板方式 　　　　　　　　　　　D. 选择【文件】/【打开】菜单命令

5. 在工作簿的单元格中，可输入的内容包括（　　）。

A. 字符 　　　　　B. 中文 　　　　　C. 数字 　　　　　D. 公式

6. Excel 的自动填充功能，可以自动填充（　　）。

A. 数字 　　　　　B. 公式 　　　　　C. 日期 　　　　　D. 文本

7. Excel 中的公式可以使用的运算符有（　　）。

A. 数学运算 　　　B. 文字运算 　　　C. 比较运算 　　　D. 逻辑运算

8. 修改单元格中数据的正确方法有（　　）。

A. 在编辑栏修改 　　　　　　　　　　B. 开始功能区按钮

C. 复制和粘贴 　　　　　　　　　　　D. 在单元格修改

9. 在 Excel 中，复制单元格格式可采用（　　）。

A. 链接 　　　　　　　　　　　　　　B. 复制 + 粘贴

C. 复制 + 选择性粘贴 　　　　　　　　D. 格式刷

10. 下列选项中，可以成功完成退出 Excel 的操作的是（　　）。

A. 双击 Excel 系统菜单图标 　　　　　B. 选择【文件】/【关闭】命令

C. 选择【文件】/【退出】命令 　　　　D. 单击 Excel 系统菜单图标

11. 在 Excel 中，使用填充功能可以实现（　　）填充。

A. 等差数列 　　　B. 等比数列 　　　C. 多项式 　　　D. 方程组

12. 下列选项中，可以通过"快速访问工具栏"的"撤销"按钮 ↶ 恢复的操作包括（　　）。

A. 插入工作表 　　B. 删除工作表 　　C. 删除单元格 　　D. 插入单元格

三、判断题

1. 启动 Excel 后，默认的工作簿名为"工作簿 1"。（　　）

2. 在 Excel 中，不可以同时打开多个工作簿。（　　）

3. 在 Excel 工作簿中，工作表最多可设置 16 个。（　　）

4. 在同一个工作簿中，可以为不同工作表设置相同的名称。（　　）

5. Excel 中的工作表可以重新命名。（　　）

6. 在 Excel 中修改当前活动单元格中的数据时，可通过编辑栏进行修改。（　　　）

7. 在 Excel 中拆分单元格时，可以像 Word 一样，不但可以将合并后的单元格还原，还可以插入多行多列。（　　　）

8. 所谓的"活动单元格"是指正在操作的单元格。（　　　）

9. 在 Excel 中，表示一个数据区域时，例如，表示 A3 单元格到 E6 单元格，其表示方法为"A3:E6"。（　　　）

10. 在 Excel 中，"移动或复制工作表"命令只能将选定的工作表移动或复制到同一工作簿的不同位置。（　　　）

11. 对于选定的区域，若要一次性输入同样数据或公式，可在该区域输入数据公式，按【Ctrl+Enter】组合键，即可完成操作。（　　　）

12. 清除单元格是指删除该单元格。（　　　）

13. 在 Excel 中，隐藏是指被用户锁定且看不到单元格的内容，但内容还在。（　　　）

14. 在 Excel 中的清除操作是将单元格的内容删除，包括其所在的地址。（　　　）

15. 在 Excel 中的删除操作只是将单元格的内容删除，而单元格本身仍然存在。（　　　）

16. 在 Excel 中，如果要在工作表的第 D 列和第 E 列中间插入一列，先选中第 D 列的某个单元格，然后再进行相关操作。（　　　）

17. Excel 允许用户将工作表在一个或多个工作簿中移动或复制，但要在不同的工作簿之间移动工作表，这两个工作簿必须是打开的。（　　　）

18. 在 Excel 中，在对一张工作表进行页面设置后，该设置对所有工作表都起作用。（　　　）

19. 在 Excel 中，单元格可用来存储文字、公式、函数和逻辑值等数据。（　　　）

20. Excel 可根据用户在单元格内输入字符串的第一个字符判定该字符串为数值或字符。（　　　）

21. 在 Excel 单元格中输入 3/5，就表示数值五分之三。（　　　）

22. 在 Excel 单元格中输入 4/5，其输入方法为"0 4/5"。（　　　）

23. 在 Excel 中不可以建立日期序列。（　　　）

24. Excel 中的有效数据是指用户可以预先设置某一单元格允许输入的数据类型和范围，并可以设置提示信息。（　　　）

25. 在 Excel 中，可以根据需要为表格添加边框线，并设置边框的线型和粗细。（　　　）

26. Excel 规定同一工作表中所有的名字是唯一的。（　　　）

27. 在 Excel 中，选定不连续区域时要按【Shift】键，选择连续区域时要按【Ctrl】键。（　　　）

28. Excel 规定不同工作簿中的工作表名字不能重复。（　　　）

29. 在 Excel 中要删除工作表，首先需选择工作表，然后选择【开始】/【编辑】组中的"清除"按钮 。（　　　）

30. 在 Excel 工作簿中可以对工作表进行移动。（　　　）

31. A 工作簿中的工作表可以复制到 B 工作簿中。（　　　）

32. 在 Excel 中选择单元格区域时不能超出当前屏幕范围。（　　　）

33. Excel 中的清除操作是将单元格的内容清除，包括所在地址。（　　　）

34. Excel 中删除行（或列），后面的行（或列）则可以依次向上（或向左）移动。（　　　）

35. 在 Excel 中插入单元格后，现有的单元格位置不会发生变化。（　　　）

36. 在 Excel 中自动填充是根据初始值决定其填充内容的。（　　）

37. 直接用鼠标单击工作表标签即可选择该工作表。（　　）

38. 在工作表上单击该行的列标即可选择该行。（　　）

39. 为了使单元格区域更加美观，可以为单元格设置边框或底纹。（　　）

40. 单元格数据的对齐方式有横向对齐和纵向对齐两种。（　　）

情境二　计算和分析 Excel 数据

一、单选题

1. Excel 工作表中第 D 列第 4 行处的单元格，其绝对单元格名为（　　）。

A. D4　　　　　　B. $D4　　　　　C. $D$4　　　　　D. D$4

2. 在 Excel 工作表中，单元格 C4 中的公式 "＝A3+$C$5"，在第 3 行之前插入一行之后，单元格 C5 中的公式为（　　）。

A. ＝A4+$C6　　B. =A4+$C35　　C. =A3+$C$6　　D. ＝A3+$C35

3. 下列 Excel 的表示中，属于相对引用的是（　　）。

A. $D$3　　　　　B. $D3　　　　　C. D$3　　　　　D. D3

4. （　　）公式时，公式中引用的单元格是不会随着目标单元格与原单元格相对位置的不同而发生变化的。

A. 移动　　　　　B. 复制　　　　　C. 修改　　　　　D. 删除

5. 常用工具栏上Σ按钮的作用是（　　）。

A. 自动求和　　　B. 求均值　　　　C. 升序　　　　　D. 降序

6. 如果要在 G2 单元得到 B2 单元到 F2 单元的数值和，应在 G2 单元输入（　　）。

A. ＝SUM（B2,F2）　　　　　　　　B. ＝SUM（B2:F2）

C. SUM（B2,F2）　　　　　　　　　D. SUM（B2:F2）

7. 在 Excel 工作表的公式中，"SUM（B3:C4）"的含义是（　　）。

A. B3 与 C4 两个单元格中的数据求和

B. 将从 B3 与 C4 的矩阵区域内所有单元格中的数据求和

C. 将 B3 与 C4 两个单元格中的数据求平均

D. 将从 B3 到 C4 的矩阵区域内所有单元格中的数据求平均

8. 在 Excel 工作表的公式中，"AVERAGE（B3:C4）"的含义是（　　）。

A. B3 与 C4 两个单元格中的数据求和

B. 从 B3 与 C4 的矩阵区域内所有单元格中的数据求和

C. 求 B3 与 C4 两个单元格中的数据平均

D. 将从 B3 到 C4 的矩阵区域内所有单元格中的数据求平均

9. 设单元格 A1:A4 的内容为 8、3、83、9，则公式 "=MIN（A1:A4,2）" 的返回值为（　　）。

A. 2　　　　　　　B. 3　　　　　　C. 4　　　　　　D. 83

10. 函数 COUNT 的功能是（　　）。

A. 求和　　　　　B. 求均值　　　　C. 求最大数　　　D. 求个数

11. Excel 中，一个完整的函数包括（　　　）。

    A. "="和函数名　　　　　　　　　　B. 函数名和变量

    C. "="和变量　　　　　　　　　　　D. "="、函数名和变量

12. 将单元格 L2 的公式=SUM（C2:K3）复制到单元格 L3 中，显示的公式是（　　　）。

    A. =SUM（C2:K2）　　　　　　　　B. =SUM（C3:K4）

    C. =SUM（C2:K3）　　　　　　　　D. =SUM（C3:K2）

13. 当移动公式时，公式中的单元格的引用将（　　　）。

    A. 视情况而定　　　　　　　　　　B. 改变

    C. 不改变　　　　　　　　　　　　D. 公式引用不存在了

14. 在 Excel 中，要统计一行数值的总和，可以用（　　　）函数。

    A. COUNT　　　　B. AVERAGE　　　C. MAX　　　　D. SUM

15. 在 Excel 工作表中，求单元格 B5～D12 中的最大值，用函数表示的公式为（　　　）。

    A. = MIN（B5:D12）　　　　　　　B. = MAX（B5:D12）

    C. = SUM（B5:D12）　　　　　　　D. = SIN（B5:D12）

16. G3 单元格的公式是 "=E3*F3"，如将 G3 单元格中的公式复制到 G5，则 G5 中的公式为（　　　）。

    A. =E3*F3　　　　B. =E5*F5　　　　C. $E$5*$F$5　　　D. E5*F5

17. 删除工作表中与图表链接的数据时，图表将（　　　）。

    A. 被复制

    B. 必须用编辑删除相应的数据点

    C. 不会发生变化

    D. 自动删除相应的数据点

18. 在 Excel 中，图表是数据的一种图像表示形式，图表是动态的，改变了图表（　　　）后，Excel 会自动更改图表。

    A. X 轴数据　　　B. Y 轴数据　　　C. 数据　　　　D. 表标题

19. 若要修改图表背景色，可双击（　　　），在弹出的对话框中进行修改。

    A. 图表区　　　　B. 绘图区　　　　C. 分类轴　　　D. 数值轴

20. 若要修改 Y 轴刻度的最大值，可双击（　　　），在弹出的对话框中进行修改。

    A. 分类轴　　　　B. 数值轴　　　　C. 绘图区　　　D. 图例

21. 在 Excel 中，最适合反映单个数据在所有数据构成的总和中所占比例的一种图表类型是（　　　）。

    A. 散点图　　　　B. 折线图　　　　C. 柱形图　　　D. 饼图

22. 在 Excel 中，最适合反映数据的发展趋势的一种图表类型是（　　　）。

    A. 散点图　　　　B. 折线图　　　　C. 柱形图　　　D. 饼图

23. 假设有几组数据，要分析各组中每个数据在总数中所占的百分比，则应选择的图表类型为（　　　）。

    A. 饼型　　　　　B. 圆环　　　　　C. 雷达　　　　D. 柱型

24. （　　　）函数用于判断数据表中的某个数据是否满足指定条件。

    A. SUM　　　　　B. IF　　　　　　C. MAX　　　　D. MIN

25. （　　　）函数用来返回某个数字在数字列表中的排位。

A. SUM　　　　　B. RANK　　　　　C. COUNT　　　　D. AVERAGE

26. 要在一张工作表中迅速地找出性别为"男"且总分大于 350 的所有记录，可在性别和总分字段后输入（　　）。

A. 男　>350　　　B. "男"　>350　　　C. =男　>350　　　D. ="男"　>350

27. 下列选项中，（　　）不能用于对数据表进行排序。

A. 单击数据区中任意单元格，然后单击工具栏的"升序"或"降序"按钮

B. 选择要排序的数据区域，然后单击工具栏中的"升序"或"降序"按钮

C. 选择要排序的数据区域，然后使用"编辑"栏的"排序"命令

D. 选择要排序的数据区域，然后使用"数据"栏的"排序"命令

28. Excel 排序操作中，若想按姓名的拼音来排序，则应在排序方法中选择（　　）。

A. 读音排序　　　B. 笔画排序　　　C. 字母排序　　　D. 以上均错

29. 以下各项，对 Excel 中的筛选功能描述正确的是（　　）。

A. 按要求对工作表数据进行排序

B. 隐藏符合条件的数据

C. 只显示符合设定条件的数据，而隐藏其他

D. 按要求对工作表数据进行分类

30. 在 Excel 中，在打印学生成绩单时，对不及格的成绩用醒目的方式表示（如用红色表示等），当要处理大量的学生成绩时，利用（　　）命令最为方便。

A. 查找　　　　　B. 条件格式　　　C. 数据筛选　　　D. 定位

31. 关于分类汇总，叙述正确的是（　　）。

A. 分类汇总前首先按分类字段值对记录排序

B. 分类汇总只能按一个字段分类

C. 只能对数值型字段进行汇总统计

D. 汇总方式只能求和

32. 对于 Excel 数据库，排序是按照（　　）来进行的。

A. 记录　　　　　B. 工作表　　　　C. 字段　　　　　D. 单元格

33. 下列选项中，关于表格排序的说法错误的是（　　）。

A. 拼音不能作为排序的依据　　　　B. 排序规则有递增和递减

C. 可按日期进行排序　　　　　　　D. 可按数字进行排序

34. 以下主要显示数据变化趋势的图是（　　）。

A. 柱形　　　　　B. 圆锥　　　　　C. 折线　　　　　D. 饼图

35. 图表中包含数据系列的区域称为（　　）。

A. 绘图区　　　　B. 图表区　　　　C. 标题区　　　　D. 状态区

36. 用 Delete 键不能直接删除（　　）。

A. 嵌入式图表　　B. 独立图表　　　C. 饼图　　　　　D. 折线图

37. （　　）函数是返回表或区域中的值或对值的引用。

A. INDEX　　　　B. RANK　　　　　C. COUNT　　　　D. AVERAGE

38. （　　）可以快速汇总大量的数据，同时对汇总结果进行各种筛选以查看源数据的不同统计结果。

A. 数据透视表　　B. SmartArt 图形　C. 图表　　　　　D. 表格

39. 在排序时，将工作表的第一行设置为标题行，若选择标题行一起参与排序，则排序后标题行（   ）。

    A. 总出现在第一行   B. 总出现在最后一行

    C. 依指定的排序顺序而定其出现位置   D. 总不显示

40. 在 Excel 数据清单中，按某一字段内容进行归类，并对每一类进行统计的操作是（   ）。

    A. 排序   B. 分类汇总   C. 筛选   D. 记录处理

二、多选题

1. 下列关于 Excel 图表的说法，正确的是（   ）。

    A. 图表与生成的工作表数据相独立，不自动更新

    B. 图表类型一旦确定，生成后不能再更新

    C. 图表选项可以创建时设定，也可以创建后修改

    D. 图表可以作为对象插入，也可以作为新工作表插入

2. 数据排序主要可分为（   ）。

    A. 直接筛选   B. 自动筛选   C. 高级筛选   D. 自定义筛选

3. 下列属于常见图表类型的是（   ）。

    A. 柱形图   B. 环状图   C. 条形图   D. 折线图

4. Excel 中可以导入数据的类型有（   ）。

    A. Access   B. Web   C. Excel   D. 文本文件

5. 下列选项中，属于 Excel 二维图表类型的有（   ）。

    A. XY 散点图   B. 面积图   C. 网状图   D. 柱形图

6. 下列选项中，属于 Excel 标准类型图表的有（   ）。

    A. 折线图   B. 对数图   C. 管状图   D. 柱形图

7. 在 Excel 中，数据透视表中拖动字段主要有 4 个区域，分别是（   ）。

    A. 行标签区域   B. 筛选区域   C. 列标签区域   D. 数值区域

8. 对工作表窗口冻结分为（   ）。

    A. 简单   B. 条件   C. 水平   D. 垂直

9. 下列选项中，属于数据透视表的数据来源的有（   ）。

    A. Excel 数据清单或数据库   B. 外部数据库

    C. 多重合并计算数据区域   D. 查询条件

10. 在 Excel 的数据清单中进行排序操作时，当以"姓名"字段作为关键字进行排序时，系统将按"姓名"的（   ）重排数据。

    A. 拼音字母   B. 部首偏旁   C. 输入码   D. 笔画

三、判断题

1. Excel 中公式的移动和复制是有区别的，移动时公式中单元格引用将保持不变，复制时公式的引用会自动调整。（   ）

2. 在单元格中输入"=SUM（\$A\$1:\$A\$10）"或"=SUM（A1:A10）"，结果一样。（   ）

3. Excel 规定在同一工作簿中不能引用其他表。（   ）

4. 图表建成以后，仍可以在图表中直接修改图表标题。（　　）

5. 一个数据透视表若以另一数据透视表为数据源，则在作为源数据的数据透视表中创建的计算字段和计算项也将影响另一个数据透视表。（　　）

6. 数据透视图跟数据透视表一样，可以在图表上拖动字段名来改变数据透视图的外观。（　　）

7. 在 Excel 中，当原始数据清单中的数据变更后，数据透视表的内容也随之更新。（　　）

8. Excel 的数据透视表和一般工作表一样，可在单元格中直接输入数据或变更其内容。（　　）

9. 对于已经建立好的图表，如果源工作表中数据项目（列）增加，则图表将自动增加新的项目。（　　）

10. 降序排序时，序列中空白的单元格行将被放置在排序数据清单最后。（　　）

11. Excel 中的记录单是将一条记录的数据信息按信息段分成几项，分别存储在同一行的几个单元格中，在同一列中分别存储甩有记录的相似信息段。（　　）

12. 在 Excel 中自动排序时，若只选定表中的一列数据，其他列数据不发生变化。（　　）

13. 数据清单的排序，既可以按行进行排序，也可以按列进行排序。（　　）

14. 使用 SUM 函数可以计算平均值。（　　）

15. 使用分类汇总之前，最好将数据排序，使同一字段值记录集中在一起。（　　）

16. 在 Excel 中，数据筛选是指从数据清单中选取满足条件的数据，将所有不满足条件的数据行隐藏起来。（　　）

17. AVERAGE 函数的功能是求最小值。（　　）

18. 清除单元格是指将单元格及其中的内容删除，单元格本身不存在了。（　　）

19. PMT 函数的功能是基于固定利率及等额分期付款方式，返回贷款的每期付款额。（　　）

20. MIN 函数的语法结构为（value1,value2,…）。（　　）

21. 在 Excel 中，原始数据清单的数据发生变化，则数据透视表的内容也将随之更新。（　　）

22. 应用公式后，单元格中只能显示公式的计算结果。（　　）

23. 所谓绝对引用是指把公式复制到新位置时，公式中的单元格地址固定不变，与包含公式的单元格位置无关。（　　）

24. Excel 不但能计算数据，还可对数据进行排序、筛选和分类汇总等高级操作。（　　）

25. 在表格中进行数据计算可按列求和或按行求和。（　　）

26. 利用复杂的条件来筛选数据库时，必须使用"高级筛选"功能。（　　）

27. 可以利用自动填充功能对公式进行复制。（　　）

28. 在 Excel 中，不能对已经保存的图表数据进行修改。（　　）

29. 利用 Excel 提供的排序功能可以根据一列或多列的内容按升序、降序或用户自定义的方式对数据进行排序。（　　）

30. 输入公式时必须先输入"="，然后再输入公式。（　　）

31. 绝对地址引用在公式的复制过程中会随着单元格地址的变化而变化。（　　）

32. SUMIF 函数的功能是根据指定条件对若干单元格求和。（　　）

33. 插入图表后，用户不能更改其图表类型。（　　）

34. 进行分类汇总时，应先进行排序操作。（　　）

35. 单列数据排序是指在工作表中以一列单元格中的数据为依据，对工作表中的所有数据进行排序。（　　）

36. 如果使用绝对引用，公式不会改变；如果使用相对引用，则公式会改变。（   ）

37. 混合引用是指一个引用的单元格地址中既有绝对单元格地址，又有相对单元格地址。（   ）

38. 在 Excel 中，单元格的引用为行号加上列标。（   ）

39. 在 Excel 中，同一工作簿中的工作表不能相互引用。（   ）

40. "Sheet3!BS" 指 Sheet3 工作表中第 B 列 5 行所指的单元格地址。（   ）

41. 用 Excel 绘制的图表，其图表中图例文字的字样是可以改变的。（   ）

42. 在 Excel 中使用公式是为了节省内存。（   ）

43. 在 Excel 中创建图表，是指在工作表中插入一张图片。（   ）

44. 在 Excel 中，可以为图表添加标题。（   ）

45. Excel 图表的类型和大小可以改变。（   ）

46. Excel 公式一定会在单元格中显示出来。（   ）

47. 在完成复制公式的操作后，系统会自动更新单元格内容，但不计算结果。（   ）

48. 迷你图虽然简洁美观，但不利于数据分析工作的展开。（   ）

49. 迷你图无法使用【Delete】键删除，正确的删除方法是在迷你图工具的【设计】/【分组】组中单击 清除 按钮。（   ）

50. 在 Excel 中，可以通过筛选命令按钮来筛选数据。（   ）

51. 数据透视表的功能是做数据交叉分析表。（   ）

52. Excel 一般会自动选择求和范围，但用户也可自行选择求和范围。（   ）

53. 在 Excel 中，排序操作不仅适用于整个表格，还对工作表中任意选定范围适用。（   ）

54. 分类汇总是按一个字段进行分类汇总，而数据透视表数据则适合按多个字段进行分类汇总。（   ）

55. 对 Excel 中工作表数据分类汇总，汇总选项可有多个。（   ）

56. PMT 函数语法结构为 SUM（rate,nper,pv,fv,type），nper 为贷款利率；rate 为该项贷款的付款总数；pv 为现值。（   ）

57. 在 Excel 中完成图表的创建后，其标题的字体和样式不可更改。（   ）

58. 在 Excel 中，count 函数为默认函数。（   ）

59. 在 Excel 的单元格引用中，单元格地址不会随位移的方向和大小的改变而改变，则该引用为相对引用。（   ）

项目五 PowerPoint 2010 演示文稿的制作

情境一　PowerPoint 2010 基本操作

一、单选题

1. 在 PowerPoint 中，演示文稿与幻灯片的关系是（　　）。
   A. 同一概念　　　　　　　　　　　B. 相互包含
   C. 演示文稿中包含幻灯片　　　　　D. 幻灯片中包含演示文稿

2. 使用 PowerPoint 制作幻灯片时，主要通过（　　）区域制作幻灯片。
   A. 状态栏　　　　　B. 幻灯片区　　　　C. 大纲区　　　　D. 备注区

3. 在 PowerPoint 窗口中，如果同时打开两个 PowerPoint 演示文稿，会出现（　　）情况。
   A. 同时打开两个重叠的窗口　　　　B. 打开第一个时，第二个被关闭
   C. 当打开第一个时，第二个无法打开　D. 执行非法操作，PowerPoint 将被关闭

4. PowerPoint 2010 演示稿的扩展名是（　　）。
   A. potx　　　　　B. pptx　　　　　C. docx　　　　　D. dotx

5. 在 PowerPoint 2010 的视图模式中，（　　）可以进行文本的输入。
   A. 普通视图，幻灯片浏览视图，大纲视图
   B. 大纲视图，备注页视图，幻灯片放映视图
   C. 普通视图，大纲视图，幻灯片放映视图
   D. 普通视图，大纲视图，备注页视图

6. 在幻灯片中插入的图片盖住了文字，可通过（　　）来调整这些叠放效果。
   A. 叠放次序命令　　　　　　　　　B. 设置
   C. 组合　　　　　　　　　　　　　D.【格式】/【排列】组

7. 插入新幻灯片的方法是（　　）。
   A. 单击【开始】/【幻灯片】组中的"新幻灯片"按钮
   B. 按【Enter】键
   C. 按【Ctrl+M】组合键
   D. 以上方法均可

8. 启动 PowerPoint 后，可通过（　　　）建立演示文稿。

    A. 在"文件"列表中选择"新建"命令

    B. 在自定义快速访问工具栏中单击"新建"命令

    C. 直接按【CTRL+N】组合键

    D. 以上方法均可

9. 在大纲视图中，大纲由每张幻灯片的标题和（　　　）组成。

    A. 段落　　　　　　　B. 提纲　　　　　　　C. 中心内容　　　　　D. 副标题

10. 在 Power Point 的幻灯片浏览视图中，不能完成的操作是（　　　）。

    A. 调整个别幻灯片位置　　　　　　　B. 删除个别幻灯片

    C. 编辑个别幻灯片内容　　　　　　　D. 复制个别幻灯片

11. 在 PowerPoint 普通视图下，操作区主要包括大纲编辑区、幻灯片编辑区（　　　）和其他任务窗格 4 个部分。

    A. 备注编辑区　　　B. 动画预览区　　　C. 幻灯片浏览区　　　D. 幻灯片放映区

12. 在下列操作中，不能删除幻灯片的操作是（　　　）。

    A. 在"幻灯片"窗格中选择幻灯片，按【Delete】键

    B. 在"幻灯片"窗格中选择幻灯片，按【Backspace】键

    C. 在"幻灯片"窗格中选择幻灯片，单击鼠标右键，在弹出的快捷菜单中选择"删除幻灯片"命令

    D. 在"幻灯片"窗格中选择幻灯片，单击鼠标右键，选择"重设幻灯片"命令

13. 以下操作中，可以保存演示文稿文档的方法有（　　　）。

    A. 在"文件"菜单中选择"保存"命令　　　B. 单击"保存"按钮

    C. 按【Ctrl+S】组合键　　　　　　　　　D. 以上均可

14. 对演示文稿中的幻灯片进行操作，通常包括（　　　）。

    A. 选择、插入、移动、复制和删除幻灯片

    B. 选择、插入、移动和复制幻灯片

    C. 选择、移动、复制和删除幻灯片

    D. 复制、移动和删除幻灯片

15. 利用（　　　）视图可以方便地拖动幻灯片，改变次序，还可以为它们增加转换效果，改变放映方式。

    A. 幻灯片视图　　　　　　　　　　　B. 幻灯片放映视图

    C. 大纲视图　　　　　　　　　　　　D. 幻灯片浏览视图

16. 在 PowerPoint 中，更改当前演示文稿的设计模板后，则（　　　）。

    A. 所有幻灯片均采用新模板

    B. 只有当前幻灯片采用新模板

    C. 所有的剪贴画均丢失

    D. 除已加入的空白幻灯片外，所有的幻灯片均采用新模板

17. 下列视图模式中，不属于 PowerPoint 视图的是（　　　）。

    A. 大纲视图　　　　　　　　　　　　B. 幻灯片视图

    C. 幻灯片浏览视图　　　　　　　　　D. 详细资料视图

18. 在调整幻灯片顺序时，通过（   ）进行调整最方便快捷。

    A. 幻灯片视图   B. 备注页视图

    C. 幻灯片浏览视图   D. 幻灯片放映视图

19. 在 PowerPoint 的各种视图中，侧重于编辑幻灯片的标题和文本信息的是（   ）。

    A. 普通视图   B. 大纲视图   C. 幻灯片视图   D. 幻灯片浏览视图

20. 在 PowerPoint 的各种视图中，（   ）更适合对幻灯片内容进行编辑。

    A. 备注页视图   B. 浏览视图   C. 幻灯片视图   D. 幻灯片放映视图

21. 在 PowerPoint 各种视图中，（   ）可以同时浏览多张幻灯片，且更方便选择、添加、删除和移动幻灯片等操作。

    A. 备注页视图   B. 幻灯片浏览视图   C. 幻灯片视图   D. 幻灯片放映视图

22. 在 PowerPoint 各种视图中，（   ）模式上面是一张缩小的幻灯片，下面的方框可以输入幻灯片的备注信息。

    A. 普通视图   B. 幻灯片浏览视图   C. 幻灯片视图   D. 备注页

23. 在 PowerPoint 各种视图中，（   ）可以在同一窗口中显示多张幻灯片。

    A. 大纲视图   B. 幻灯片浏览视图

    C. 备注页视图   D. 幻灯片视图

24. 下列关于幻灯片移动、复制和删除等操作，叙述错误的是（   ）。

    A. 在"幻灯片浏览"视图中最方便进行这些操作

    B. "复制"命令只能在同一演示文稿中进行

    C. "剪切"命令也可用于删除幻灯片

    D. 选择幻灯片后，按【Delete】键可以删除幻灯片

25. 下列关于 PowerPoint 的说法，错误的是（   ）。

    A. 可以在幻灯片浏览视图中更改幻灯片上动画对象的出现顺序

    B. 可以在普通视图中设置动态显示文本和对象

    C. 可以在浏览视图中设置幻灯片切换效果

    D. 可以在普通视图中设置幻灯片切换效果

26. 在 PowerPoint 浏览视图下，按住【Ctrl】键拖动某张幻灯片，可以完成（   ）操作。

    A. 移动幻灯片   B. 复制幻灯片   C. 删除幻灯片   D. 选定幻灯片

27. 在 PowerPoint 浏览视图下，选择并拖动某张幻灯片，可以完成（   ）操作。

    A. 移动幻灯片   B. 复制幻灯片   C. 删除幻灯片   D. 选定幻灯片

28. 下列有关选择幻灯片的操作，错误的是（   ）。

    A. 在浏览视图中单击幻灯片

    B. 如果要选择多张不连续幻灯片，在浏览视图下按【Ctrl】键并单击各张幻灯片

    C. 如果要选择多张连续幻灯片，在浏览视图下按【Shift】键并单击最后要选择的幻灯片

    D. 在幻灯片视图下，不可以选择多个幻灯片

29. 关闭 PowerPoint 时，若不保存修改过的文档，则（   ）。

    A. 系统会发生崩溃   B. 刚刚编辑过的内容将会丢失

    C. PowerPoint 将无法正常启动   D. 硬盘产生错误

30. 下列操作中，是关闭 PowerPoint 的正确操作的是（   ）。

A. 关闭显示器   B. 拔掉主机电源

C. 按【Ctrl+Alt+Del】组合键   D. 单击 PowerPoint 标题栏右上角的关闭按钮

31. 关于 PowerPoint 的视图模式，下列选项中正确的是（   ）。

    A. 大纲视图是默认的视图模式   B. 普通视图主要显示主要的文本信息

    C. 普通视图最适合编辑幻灯片   D. 阅读视图用于查看幻灯片的播放效果

32. 在 PowerPoint 中，如需在占位符中添加文本，其正确的操作是（   ）。

    A. 单击标题占位符，将文本插入点置于占位符内

    B. 单击功能区的插入按钮

    C. 通过粘贴命令插入文本

    D. 通过新建按钮来创建新的文本

33. 在 PowerPoint 中，对占位符进行操作一般是在（   ）区域进行。

    A. 幻灯片区   B. 状态栏   C. 大纲区   D. 备注区

34. 在 PowerPoint 中，如需通过"文本框"工具在幻灯片中添加竖排文本，则（   ）。

    A. 默认的格式就是竖排

    B. 将文本格式设置为竖排排列

    C. 选择"文本框"栏的"横排文本框"命令

    D. 选择"文本框"栏的"垂直文本框"命令

35. 在 PowerPoint 中，如需用文本框在幻灯片中添加文本时，则应该在【插入】/【文本】组中单击（   ）按钮。

    A. 图片   B. 文本框   C. 文字   D. 表格

36. 在 PowerPoint 中为形状添加文本的方法为（   ）。

    A. 在插入的图形上单击鼠标右键，在弹出的快捷菜单中选择"添加文本"命令

    B. 直接在图形上编辑

    C. 另存到图像编辑器编辑

    D. 用粘贴在图形在上加文本

37. 下列关于在幻灯片的占位符中添加文本的要求，说法正确的是（   ）。

    A. 只要是文本形式就行   B. 文本中不能含有数字

    C. 文本中不能含有中文   D. 文本必须简短

38. 下列有关选择幻灯片文本的叙述，错误的是（   ）。

    A. 单击文本区，会显示文本控制点

    B. 选择文本时，可按住鼠标不放并进行拖动

    C. 文本选择成功后，所选文本会出现底纹，表示已选择

    D. 选择文本后，必须对文本进行后续操作

39. 在 PowerPoint 中移动文本时，在两张幻灯片中进行移动操作，则（   ）。

    A. 操作系统进入死锁状态   B. 文本无法复制

    C. 文本正常移动   D. 两张幻灯片中的文本都会被移动

40. 在 PowerPoint 中，如要将所选的文本存入剪贴板上，下列操作中无法实现的是（   ）。

    A. 在【开始】/【剪贴板】组中单击"复制"按钮

    B. 通过右键快捷菜单中的"复制"命令

    C. 使用【Ctrl+C】组合键

D. 使用【Ctrl+V】组合键

41. 下列有关移动和复制文本的叙述，不正确的是（　　）。

    A. 在复制文本前，必须先选择　　　　　　B. 复制文本的快捷键是【Ctrl+C】组合键

    C. 文本的剪切和复制没有区别　　　　　　D. 能在多张幻灯片间进行复制文本的操作

42. 在 PowerPoint 中进行粘贴操作时，可使用的快捷键为（　　）。

    A.【Ctrl+C】　　　　B.【Ctrl+P】　　　　C.【Ctrl+X】　　　　D.【Ctrl+V】

43. 下列关于在 PowerPoint 中设置文本字体格式的叙述，正确的是（　　）。

    A. 字号的数值越小，字体就越大　　　　B. 字号是连续变化的

    C. 66 号字比 72 号字大　　　　　　　　D. 字号决定每种字体的大小

44. 在 PowerPoint 中设置文本字体时，下列选项中，（　　）不属于字体列表中的默认常用选项。

    A. 宋体　　　　　　B. 黑体　　　　　　C. 隶书　　　　　　D. 草书

45. 下列关于设置文本段落格式的叙述，正确的是（　　）。

    A. 图形不能作为项目符号

    B. 设置文本的段落格式时，一般通过【格式】/【排列】组进行操作

    C. 行距可以是任意值

    D. 以上说法全都错误

46. 在 PowerPoint 中设置文本的项目符号和编号时，可通过（　　）进行设置。

    A. "字体"命令　　　　　　　　　　　　B. 单击"项目符号和编号"按钮

    C.【开始】/【段落】组　　　　　　　　D. 行距

47. 在 PowerPoint 中设置文本段落格式时，一般通过（　　）开始设置。

    A.【开始】/【视图】组　　　　　　　　B.【开始】/【插入】组

    C.【开始】/【段落】组　　　　　　　　D.【开始】/【格式】组

48. 在 PowerPoint 中设置文本的行距时，一般是通过（　　）进行设置。

    A. "项目符号和编号"对话框　　　　　　B. "字体"对话框

    C. "段落"对话框　　　　　　　　　　　D. 分行

49. 在 PowerPoint 中创建表格，其方法一般为在（　　）进行操作。

    A.【插入】/【图片】组　　　　　　　　B.【插入】/【对象】组

    C.【插入】/【表格】组　　　　　　　　D.【插入】/【绘制表格】组

50. 下列关于在 PowerPoint 中插入图片的叙述，错误的是（　　）。

    A. 在幻灯片任何视图中，都可以显示要插入图片的幻灯片

    B. 在 PowerPoint 2010 中，也可以通过占位符插入图片

    C. 插入图片的路径可以是本地图片路径，也可以是网络图片路径

    D. 用户可以根据需要更改幻灯片中的图片大小和位置

二、多选题

1. 下列关于在 PowerPoint 中创建新幻灯片的叙述，正确的有（　　）。

    A. 新幻灯片可以用多种方式创建

    B. 新幻灯片只能通过幻灯片窗格来创建

    C. 新幻灯片的输出类型可以根据需要来设置

D. 新幻灯片的输出类型固定不变

2. 下列关于在幻灯片占位符中插入文本的叙述，正确的有（　　　）。

A. 插入的文本一般不加限制　　　　　　B. 插入的文本文件有很多条件

C. 插入标题文本一般在状态栏进行　　　D. 插入标题文本可以在大纲区进行

3. 在 PowerPoint 幻灯片浏览视图中，可进行的操作有（　　　）。

A. 复制幻灯片　　　　　　　　　　　　B. 对幻灯片文本内容进行编辑修改

C. 设置幻灯片的切换效果　　　　　　　D. 设置幻灯片对象的动画效果

4. 下列操作中，会打开"另存为"对话框的有（　　　）。

A. 打开某个演示文稿，修改后保存

B. 建立演示文稿的副本，以不同文件名保存

C. 第一次保存演示文稿

D. 将演示文稿保存为其他格式的文件

5. 为了便于编辑和调试演示文稿，PowerPoint 提供了多种视图方式，这些视图方式包括（　　　）。

A. 普通视图　　　　　　　　　　　　　B. 幻灯片浏览视图

C. 幻灯片放映视图　　　　　　　　　　D. 备注页视图

6. 在 PowerPoint 的幻灯片浏览视图中，可进行（　　　）操作。

A. 复制幻灯片　　　　　　　　　　　　B. 删除幻灯片

C. 幻灯片文本内容的编辑修改　　　　　D. 重排演示文稿所有幻灯片的次序

7. 下列关于在 PowerPoint 中选择文本的说法，正确的有（　　　）。

A. 文本选择完毕，所选文本会出现底纹

B. 文本选择完毕，所选文本会变成闪烁

C. 单击文本区，会显示文本插入点

D. 单击文本区，文本框会变成闪烁

8. 下列有关移动和复制文本的叙述，正确的有（　　　）。

A. 剪切文本的快捷键是【Ctrl+P】组合键

B. 复制文本的快捷键是【Ctrl+C】组合键

C. 文本复制和剪切是有区别的

D. 单击"粘贴"按钮的功能与【Ctrl+V】组合键一样

9. 下列关于在 PowerPoint 中设置文本字体的叙述，正确的有（　　　）。

A. 设定文本字体之前必须先选择文本或段落

B. 文字字号中 50 号字比 60 号字大

C. 设置文本的字体时，可通过【开始】/【编辑】组进行

D. 选择设置效果选项可以加强文字的显示效果

10. 下列关于在 PowerPoint 中创建表格的说法，正确的有（　　　）。

A. 打开一个演示文稿，选择需要插入表格的幻灯片，通过【插入】/【表格】组可创建表格

B. 单击"表格"按钮▦，在打开的下拉列表中直接设置表格的行数和列数

C. 在表格对话框中要输入行数和列数

D. 完成插入后，表格的行数和列数无法修改

三、判断题

1. 在 PowerPoint 大纲视图模式下,可以实现在其他视图中可实现的一切编辑功能。(   )

2. 插入幻灯片的方法一般有在当前幻灯片后插入新幻灯片、在大纲中插入幻灯片和在浏览视图中添加幻灯片 3 种。(   )

3. 直接按【Ctrl+N】组合键可以在当前幻灯片后插入新幻灯片。(   )

4. 当要移动多张连在一起的幻灯片时,先选择要移动多张幻灯片中的第一张,然后按住【Shift】键单击最后一张幻灯片,再进行移动操作即可。(   )

5. PowerPoint 2010 是 Office 2010 中的组件之一。(   )

6. 单击"大纲"选项卡后,窗口左侧的列表区将列出当前演示文稿的文本大纲,在其中可进行切换幻灯片,并进行编辑操作。(   )

7. 在 PowerPoint 2010 中的默认视图是幻灯片浏览视图。(   )

8. 在幻灯片浏览视图中不能编辑幻灯片中的具体内容。(   )

9. 编辑区主要用于显示和编辑幻灯片的内容,它是演示文稿的核心部分。(   )

10. 在 PowerPoint 2010 中,通过选择"开始"组中的"节"命令,可使用节功能。(   )

11. 在 PowerPoint 2010 中,单击【插入】/【文本】组中的"幻灯片编号"按钮,可设置页眉、页脚、日期和时间。(   )

12. 在占位符中添加的文本无法进行修改。(   )

13. 在 PowerPoint 的形状中添加了文本后,插入的形状无法改变其大小。(   )

14. 在 PowerPoint 中设置文本的字体格式时,文字的效果选项可以选择不进行设置。(   )

15. 在 PowerPoint 中设置文本的段落格式时,可以根据需要把图形设置为项目符号。(   )

16. 在幻灯片中创建表格时,如果插入错误,可以通过"撤销"按钮来撤销操作。(   )

情境二　设置并放映演示文稿

一、单选题

1. 在 PowerPoint 中,下列说法中错误的是(   )。
   A. 可以动态显示文本和对象
   B. 可以更改动画对象的出现顺序
   C. 图表不可以设置动画效果
   D. 可以设置幻灯片切换效果

2. 在演示文稿中插入超链接时,所链接的目标不能是(   )。
   A. 另一个演示文稿　　　　　　　　　B. 同一演示文稿的某一张幻灯片
   C. 其他应用程序的文档　　　　　　　D. 幻灯片中的某一个对象

3. 在 PowerPoint 中,停止幻灯片播放应按(   )键。
   A.【Enter】　　　　B.【Shift】　　　　C.【Ctrl】　　　　D.【Esc】

4. 下列关于幻灯片动画的内容,说法错误的是(   )。
   A. 幻灯片上动画对象的出现顺序不能随意修改
   B. 动画对象在播放之后可以再添加效果
   C. 可以在演示文稿中添加超链接,然后用它跳转到不同的位置

D. 创建超链接时，起点可以是任何文本或对象

5. 下列有关幻灯片背景设置的说法，错误的是（　　　）。

    A. 可以为幻灯片设置不同的颜色、图案或者纹理的背景

    B. 可以使用图片作为幻灯片背景

    C. 可以为单张幻灯片设置背景

    D. 不可以同时对当前演示文稿中的所有幻灯片设置背景

6. 在 PowerPoint 中应用模板后，新模板将会改变原演示文稿的（　　　）。

    A. 配色方案   B. 幻灯片母版   C. 标题母版   D. 以上选项都对

7. 下列关于 PowerPoint 的说法，正确的是（　　　）。

    A. 可以将演示文稿中选定的信息链接到其他演示文稿幻灯片中的任何对象

    B. 可以为幻灯片中的对象设置播放动画的时间顺序

    C. PowerPoint 演示文稿的扩展名为.pot

    D. 不能在一个演示文稿中同时使用不同的模板

8. 下列（　　　）是在幻灯片母版上不可以完成的操作。

    A. 使相同的图片出现在所有幻灯片的相同位置

    B. 使所有幻灯片具有相同的背景颜色及图案

    C. 使所有幻灯片的占位符具有相同格式

    D. 通过母版编辑所有幻灯片中的内容

9. 在 PowerPoint 中，幻灯片放映视图的主要功能不包括（　　　）。

    A. 编辑幻灯片上的具体对象   B. 切换幻灯片

    C. 定位幻灯片   D. 播放幻灯片

10. 若要改变超链接文字的颜色，应该通过（　　　）对话框。

    A. 超链接设置   B. 幻灯片版面设置   C. 字体设置   D. 新建主体颜色

11. 在制作演示文稿时可为幻灯片对象创建超链接，关于"超链接"，以下说法错误的是（　　　）。

    A. 超链接目的地只能指向另一个演示文稿

    B. 超链接目的地可以指向某个 Word 文档或 Excel 文档

    C. 超链接目的地可以指向邮件地址

    D. 超链接目的地可以指向某个网上资源地址

12. 在 PowerPoint 中，为所有幻灯片中的对象设置统一样式，需应用（　　　）的功能。

    A. 模板   B. 母版   C. 版式   D. 样式

13. 若要在幻灯片上配合讲解做标记，可使用（　　　）。

    A. "指针选项"中的各种笔   B. "画笔"工具

    C. "绘图"工具栏   D. 笔

14. 执行（　　　）操作不能切换至幻灯片放映视图中。

    A. 按【F5】键   B. 单击"从头开始"放映

    C. 单击"从当前幻灯片开始"按钮   D. 双击幻灯片

15. 在幻灯片放映过程中，按（　　　）可以退出幻灯片放映。

    A. 空格键   B. Esc 键   C. 鼠标左键   D. 鼠标右键

16. 在（　　）方式下可以进行幻灯片的放映控制。

    A. 普通视图   B. 幻灯片浏览视图

    C. 幻灯片放映视图   D. 大纲视图

17. 在 PowerPoint 2010 中，通过"页眉和页脚"对话框中不能设置（　　）。

    A. 日期和时间   B. 幻灯片编号   C. 页眉   D. 页脚

18. 在设置幻灯片放映的换页效果时，应通过（　　）进行设置。

    A. 动作按钮   B. "切换"功能组   C. 预设动画   D. 自定义动画

19. 在 PowerPoint 中全屏演示幻灯片，可将窗口切换到（　　）。

    A. 幻灯片视图   B. 大纲视图   C. 浏览视图   D. 幻灯片放映视图

20. 如果要终止 PowerPoint 中正在演示的幻灯片，应按（　　）键。

    A.【Ctrl+Break】   B.【Esc】   C.【Alt+Break】   D.【Enter】

21. 若要在放映过程中迅速找到某张幻灯片，可通过（　　）方法直接移动至要查找的幻灯片。

    A. 翻页   B. 定位至幻灯片

    C. 退出放映视图，再进行翻页   D. 退出放映视图，再进行查找

22. 如果演示文稿中设置了隐藏的幻灯片，那么在打印时，这些隐藏的幻灯片将（　　）。

    A. 是否打印根据用户的设置决定   B. 不会打印

    C. 将同其他幻灯片一起打印   D. 只能打印出黑白效果

23. 在幻灯片浏览视图下不能进行的操作是（　　）。

    A. 设置动画效果   B. 幻灯片切换

    C. 幻灯片的移动和复制   D. 幻灯片的删除

24. 下列放映方式中，（　　）不是全屏幕放映。

    A. 讲演者放映   B. 从头开始放映   C. 观众自行浏览   D. 在展台浏览

25. 在 PowerPoint 中使用母版的目的是（　　）。

    A. 演示文稿的风格一致

    B. 编辑美化现有的模板

    C. 通过标题母版控制标题幻灯片的格式和位置

    D. 以上均是

26. 要从当前幻灯片开始放映，应单击（　　）按钮。

    A. 幻灯片切换   B. 从当前幻灯片开始

    C. 按【F5】键   D. 开始放映

27. 在演示文稿中，设置幻灯片切换速度是在（　　）进行。

    A.【切换】/【切换到此幻灯片】组的列表框

    B.【切换】/【切换到此幻灯片】组的"效果"下拉列表

    C.【切换】/【计时】组

    D.【动画】/【高级动画】组

28. 在演示文稿中取消"超级链接"时，不可以通过（　　）实现。

    A. 选择链接内容，打开"插入超链接"对话框，单击 删除链接(R) 按钮

    B. 在超链接上单击鼠标右键，在弹出的快捷菜单中选择"取消超链接"命令

C. 在超链接上单击鼠标右键，在弹出的快捷菜单中选择"编辑超链接"命令，在打开的"插入超链接"对话框中单击 [删除链接(R)] 按钮

D. 通过撤销命令删除超链接

29. 演示文稿支持的视频文件格式有（　　）。

 A. AVI 文件   B. WMV 文件   C. MPG 文件   D. 以上均可

30. 在幻灯片中添加声音和媒体文件，主要是通过（　　）进行。

 A.【插入】/【媒体】组   B.【插入】/【对象】组

 C.【插入】/【符号】组   D.【插入】/【公式】组

31. 母版分为（　　）。

 A. 幻灯片母版和讲义母版

 B. 幻灯片母版和标题母版

 C. 幻灯片母版、讲义母版、标题母版和备注母版

 D. 幻灯片母版、讲义母版和备注母版

32. 在演示文稿中设置母版，通常是在（　　）功能组中进行。

 A. 视图   B. 格式"   C. 工具   D. 插入

33. 在下列操作中，可以隐藏幻灯片的操作是（　　）。

 A. 在"幻灯片"窗格的幻灯片上单击鼠标右键，在弹出的快捷菜单中选择"隐藏幻灯片"命令

 B. 在母版幻灯片上单击鼠标右键，在弹出的快捷菜单中选择"隐藏幻灯片"命令

 C. 通过【视图】/【演示文稿视图】组

 D. 通过【视图】/【母版视图】组

34. PowerPoint 提供了文件的（　　）功能，可以将演示文稿、其所连接的各种声音、图片等外部文件统一保存起来。

 A. 定位   B. 另存为   C. 存储   D. 打包

35. 插入音频的操作，一般通过（　　）功能组实现。

 A. 编辑   B. 视图   C. 插入   D. 工具

36. 打开"插入音频"对话框的方法为（　　）。

 A. 在【插入】/【媒体】组单击"音频"按钮🔊，在打开的下拉列表中选择"文件中的音频"选项

 B. 在【插入】/【媒体】组单击"音频"按钮🔊，在打开的下拉列表中选择"剪贴画音频"选项

 C. 在【插入】/【对象】组单击"音频"按钮🔊，在打开的下拉列表中选择"文件中的音频"选项

 D. 在【插入】/【对象】组单击"音频"按钮🔊，在打开的下拉列表中选择"剪贴画音频"选项

37. 在 PowerPoint 中应用模板时，下列选项中不正确的做法是（　　）。

 A. 可直接在已有模板上重新编辑内容   B. 在"设计"组中选择应用模板设计

 C. 模板的内容要到导入之后才能看见   D. 模板的选择是多样化的

38. 在 PowerPoint 中，一般是通过（　　）功能组设置动画效果的。

 A. 编辑   B. 视图   C. 动画   D. 幻灯片放映

39. 下列选项中，不属于动画播放的开始方式的是（　　）。

A．单击时　　　　B．与上一动画同时　C．上一动画之后　D．上一动画之前

40. 如果要在幻灯片视图中预览动画，应（　　）。

A．单击【动画】/【动画】组的"播放"按钮

B．单击【动画】/【动画】组的"预览"按钮

C．单击【动画】/【预览】组的"预览"按钮

D．按【F5】键

41. 打开"动画窗格"的方法为（　　）。

A．在【动画】/【高级动画】组中单击"动画窗格"按钮

B．在【工具】/【自定义】组中单击"动画窗格"按钮

C．在【幻灯片放映】组中单击"自定义动画"按钮

D．在【视图】/【工具栏】组中单击"控制工具箱"按钮

42. 在动画效果对话框的"效果"选项卡中，下列选项中，不属于"动画文本"设置效果的是（　　）。

A．整批发送　　　B．按字/词　　　　C．按字母　　　　D．按字

43. 如果要在"动画窗格"中更改幻灯片上各对象出现的顺序，一般可通过（　　）调整。

A．选择需调整的动画，将其拖至所需位置

B．选择需调整的动画，单击鼠标右键，通过右键快捷菜单进行调整

C．【动画】/【动画】组

D．【动画】/【高级动画】组

44. 为整张幻灯片添加动画效果，一般通过（　　）功能组实现。

A．切换　　　　　B．动画　　　　　C．开始　　　　　D．编辑

45. 如果要更改幻灯片切换效果，应该在（　　）功能组进行操作。

A．切换　　　　　B．动画　　　　　C．开始　　　　　D．编辑

46. 如果要将同一种切换效果应用于全部幻灯片，则可单击（　　）按钮。

A．剪切　　　　　B．复制　　　　　C．全部应用　　　　D．粘贴

47. 在 PowerPoint 中，一般通过（　　）添加动作按钮。

A．【插入】/【插图】组　　　　　　　B．【插入】/【动作】组

C．【插入】/【对象】组　　　　　　　D．【插入】/【链接】组

48. "动作设置"对话框中的"鼠标移过"表示（　　）。

A．所设置的按钮采用单击鼠标执行动作的方式

B．所设置的按钮采用双击鼠标执行动作的方式

C．所设置的按钮采用自动执行动作的方式

D．所设置的按钮采用鼠标移过执行动作的方式

49. 如果要创建一个指向某一程序的动作按钮，应单击选中"动作设置"对话框中的（　　）单选项。

A．无动作　　　　B．运行对象　　　　C．运行程序　　　　D．超级链接到

50. PowerPoint 中显示页码和日期等对象时，可以通过（　　）进行设置。

A．视图　　　　　B．屏幕　　　　　C．幻灯片　　　　D．母版

二、多选题

1. 下列选项中，可用于结束幻灯片放映的操作有（   ）。
    A. 按【Esc】键
    B. 按【Ctrl + E】组合键
    C. 按【Enter】键
    D. 单击鼠标右键，在弹出的快捷菜单中选择"结束放映"命令

2. 下列选项中，可以设置动画效果的幻灯片对象有（   ）。
    A. 声音和视频　　　B. 文字　　　　　　　C. 图片　　　　　　　D. 图表

3. 关于在幻灯片中插入音频的操作，下列说法正确的是（   ）。
    A. 插入声音的操作包括插入"文件中的音频"和"剪贴画音频"
    B. 在幻灯片中插入声音后，当前幻灯片中会出现一个声音图标，选择该图标可对声音进行编辑
    C. 通过"动画"功能组执行插入声音的操作
    D. 通过【播放】/【音频选项】组可对声音播放方式进行设置

4. 下列说法正确的有（   ）。
    A. 通过【插入】/【媒体】组插入视频文件
    B. 在幻灯片中插入视频后，可对视频外观进行设置和美化
    C. 插入视频的操作包括插入"本地文件中的视频"和"剪贴画视频"
    D. 在"插入视频"对话框中，只需双击要插入的影片即可完成插入

5. 下列关于动画设置的说法，正确的有（   ）。
    A. 通过【动画】/【动画】组可添加动画
    B. 如果要预览动画，可在【动画】/【预览】组中单击"预览"按钮
    C. 动画效果只能通过播放状态预览，不能直接预览
    D. 单击"动画窗格"按钮，在打开的窗格中可对动画效果进行详细设置

6. 下列属于常用动画效果的是（   ）。
    A. 飞入　　　　　　B. 擦除　　　　　　　C. 形状　　　　　　　D. 打字机

7. 在"动作设置"对话框设置动作时，主要可对（   ）动作执行方式进行设置。
    A. 单击鼠标　　　　B. 双击鼠标　　　　　C. 鼠标移过　　　　　D. 按任意键

8. 下列关于在 PowerPoint 中应用模板的叙述，正确的有（   ）。
    A. 在【插入】/【主题】组的列表框中直接选择模板
    B. 在使用模板之前，可以先预览模板内容
    C. 不应用设计模板，将无法设计幻灯片
    D. PowerPoint 提供了很多自带的模板样式

三、判断题

1. 动画计时和切换计时指设置切换和动画效果时对其速度的设定。（   ）
2. 通过幻灯片的占位符，不能插入图片对象。（   ）
3. 在幻灯片中插入声音指播放幻灯片的过程中一直有该声音出现。（   ）
4. 如果在拥有母版的演示文稿中添加幻灯片后，新添加的幻灯片也将应用到该母版格式

中。（　　）

　　5．用户只能为文本对象设置动画效果。（　　）

　　6．在幻灯片中，如某对象前无动画符号标记，表示该对象无动画效果。（　　）

　　7．在放映幻灯片的过程中，用户还可设置其声音效果。（　　）

　　8．母版可用来为同一演示文稿中的所有幻灯片设置统一的版式和格式。（　　）

　　9．幻灯片所做的背景设置只能应用于所有幻灯片中。（　　）

　　10．在 PowerPoint 中创建了幻灯片后，该幻灯片即具有了默认的动画效果，如果用户对该效果不满意，可重新设置。（　　）

　　11．打印幻灯片讲义时通常是一张纸上打印一张幻灯片。（　　）

　　12．在 PowerPoint 中，排练计时是经常使用的一种设定时间的方法。　　（　　）

　　13．单击【幻灯片母版】/【关闭】组的■按钮，可关闭母版视图。（　　）

　　14．在 PowerPoint 中，让不需要的幻灯片在放映时隐藏，可以通过【幻灯片放映】/【设置】组的"隐藏幻灯片"按钮■来设置。　　（　　）

　　15．如果要终止幻灯片的放映，可直接按【ESC】键。（　　）

　　16．PowerPoint 对象应用包括文本、表格、插图、相册、媒体和逻辑节等的。（　　）

　　17．在"动画"选项卡的"动画"组中，有 4 种类型的动画方案，分别是进入动画方案、强调动画方案、退出动画方案和动作路径方案。（　　）

　　18．在 PowerPoint 中，需要复制幻灯片中的动画效果，可在"动画"选项卡的"高级 动画"组中，单击"动画刷"按钮❀，将动画效果复制给其他幻灯片对象。（　　）

　　19．在 PowerPoint 中，用户可根据需要将幻灯片输出为图片或视频。（　　）

　　20．为演示文稿设置排练计时，可以更准确地对放映过程进行掌控。（　　）

项目六
Internet 的探索

情境　计算机网络基础与应用

一、单选题

1. 第一代计算机网络又称为（　　）。
    A. 面向终端的计算机网络　　　　　　B. 初始端计算机网络
    C. 面向终端的互联网　　　　　　　　D. 初始端网络和互联网

2. 根据计算机网络覆盖的地域范围与规模，可以将其分为（　　）。
    A. 局域网、城域网和广域网　　　　　B. 局域网、城域网和互联网
    C. 局域网、区域网和广域网　　　　　D. 以太网、城域网和广域网

3. 如果要把个人计算机用电话拨号方式接入 Internet 网，除性能合适的计算机外，硬件上还应配置一个（　　）。
    A. 连接器　　　　B. 调制解调器　　　C. 路由器　　　　D. 集线器

4. （　　）协议是 Internet 最基本的协议。
    A. X.25　　　　　B. TCP/IP　　　　C. FTP　　　　　D. UDP

5. 互联网采用的协议是（　　）协议。
    A. X.25　　　　　B. TCP/IP　　　　C. FTP　　　　　D. UDP

6. TCP 协议工作在以下的哪个层（　　）。
    A. 物理层　　　　B. 链路层　　　　　C. 传输层　　　　D. 应用层

7. Internet 实现了世界各地各类网络的互连，其最基础和核心的协议是（　　）。
    A. HTTP　　　　　B. FTP　　　　　C. HTML　　　　　D. TCP/IP

8. 在 Internet 中，主机域名和主机 IP 地址之间的关系是（　　）。
    A. 完全相同，毫无区别　　　　　　　B. 一一对应
    C. 一个 IP 地址对应多个域名　　　　D. 一个域名对应多个 IP 地址

9. a@b.cn 表示一个（　　）。
    A. IP 地址　　　　B. 电子邮箱　　　C. 域名　　　　　D. 网络协议

10. 第三代计算机的特征是全网中所有的计算机遵守（　　）。
    A. 各自的协议　　B. 政府规定协议　　C. 同一种协议　　D. 不同协议

11. 以下不属于电子邮件地址的是（　　）。
    A. ly@yahoo.com.cn　　　　　　　　B. ly@163.com.cn

C. ly@126.com.cn　　　　　　　　D. ly.baidu.com

12. http://www.peopledaily.com.cn/channel/main/welcome.htm 是一个典型的 URL，其中 http 表示（　　）。

　　A. 协议类型　　　B. 主机域名　　　C. 路径　　　　　D. 文件名

13. （　　）是将文件从远程计算机复制到本地计算机上。

　　A. 下载　　　　　B. 上传　　　　　C. 保存　　　　　D. 传送

14. 浏览网页过程中，当鼠标移动到已设置了超链接的区域时，鼠标指针形状一般变为（　　）。

　　A. 小手形状　　　B. 双向箭头　　　C. 禁止图案　　　D. 下拉箭头

15. 下列 4 项中表示域名的是（　　）。

　　A. www.cctv.com　　　　　　　　B. hk@zj.school.com

　　C. zjwww@china.com　　　　　　D. 202.96.68.1234

16. 下列软件中可以查看 WWW 信息的是（　　）。

　　A. 游戏软件　　　B. 财务软件　　　C. 杀毒软件　　　D. 浏览器软件

17. 局域网的拓扑结构主要包括（　　）。

　　A. 总线结构、环状结构和星状结构　　B. 环状结构、单环结构和双环结构

　　C. 单环结构、双环结构和星状结构　　D. 网状结构、单总线结构和环状结构

18. WWW 是（　　）。

　　A. 局域网的简称　　B. 城域网的简称　　C. 广域网的简称　　D. 万维网的简称

19. 在计算机网络中，LAN 指的是（　　）。

　　A. 局域网　　　　　B. 广域网　　　　C. 城域网　　　　D. 以太网

20. （　　）可以适应大容量、突发性的通信需求，提供综合业务服务，具备开放的设备接口与规范的协议以及完善的通信服务与网络管理。

　　A. 资源子网　　　　B. 局域网　　　　C. 通信子网　　　D. 广域网

21. Internet 采用的基础协议是（　　）。

　　A. HTML　　　　　B. CSMA　　　　C. SMTP　　　　D. TCP／IP

22. IP 地址是由一组长度为（　　）的二进制数字组成。

　　A. 8 位　　　　　　B. 16 位　　　　　C. 32 位　　　　　D. 20 位

23. Internet 与 WWW 的关系是（　　）。

　　A. 均为互联网，只是名称不同　　　B. WWW 只是在 Internet 上的一个应用功能

　　C. Internet 与 WWW 没有关系　　　D. Internet 就是 WWW

24. 调制解调器也称（　　）。

　　A. 调制器　　　　　B. 解调器　　　　C. 调频器　　　　D. Modem

25. 电子邮件发送系统使用的传输协议是（　　）。

　　A. HTTP　　　　　B. SMTP　　　　C. HTML　　　　D. FTP

26. E-mail 地址格式正确的表示是（　　）。

　　A. 主机地址@用户名　　　　　　　B. 用户名，用户密码

　　C. 电子邮箱号，用户密码　　　　　D. 用户名@主机域名

27. 超文本的含义是（　　）。

　　A. 该文本中包含有图形、图像　　　B. 该文本中包含有二进制字符

C．该文本中包含有与其他文本的链接　　D．该文本中包含有多媒体信息

28．WWW 浏览器是（　　　）。

    A．一种操作系统　　　　　　　　　　B．TCP／IP 体系中的协议

    C．浏览 WWW 的客户端软件　　　　　D．收发电子邮件的程序

29．WWW 中的信息资源是以（　　　）为元素构成的。

    A．主页　　　　　　B．Web 页　　　　C．图像　　　　　D．文件

30．用户在使用电子邮件之前，需要向 ISP 申请一个（　　　）。

    A．电话号码　　　　B．IP 地址　　　　C．URL　　　　　D．E-mail 账户

31．用户使用 WWW 浏览器访问 Internet 上任何 WWW 服务器，所看到的第一个页面称为（　　　）。

    A．主页　　　　　　B．Web 页　　　　C．文件　　　　　D．目录

32．域名地址中的后缀 cn 的含义是（　　　）。

    A．美国　　　　　　B．中国　　　　　C．教育部门　　　D．商业部门

33．HTTP 是（　　　）。

    A．一种程序设计语言　　　　　　　　B．域名

    C．超文本传输协议　　　　　　　　　D．网址

34．在通过电话线拨号上网的情况下，电子邮箱设在（　　　）。

    A．用户自己的微机上　　　　　　　　B．用户的 Internet 服务商的服务器上

    C．和用户通信人的主机上　　　　　　D．根本不存在电子邮件信箱

35．如果电子邮件带有"别针"图标，则表示该邮件（　　　）。

    A．设有优先级　　B．带有标记　　　C．带有附件　　　D．可以转发

36．撰写电子邮件的界面中，"抄送"功能是指（　　　）。

    A．发信人地址　　　　　　　　　　　B．邮件主题

    C．邮件正文　　　　　　　　　　　　D．将邮件同时发送给多个人

37．浏览器的作用是（　　　）。

    A．收发电子邮件　　　　　　　　　　B．负责信息显示和向服务器发送请求

    C．用程序编辑器编制程序　　　　　　D．网络互连

38．Internet Explorer 浏览器中的"收藏夹"，其主要作用是收藏（　　　）。

    A．图片　　　　　　B．邮件　　　　　C．网址　　　　　D．文档

39．下列选项属于搜索引擎的（　　　）。

    A．百度　　　　　　B．爱奇艺　　　　C．迅雷　　　　　D．酷狗

40．下列选项属于上传和下载资源的常用软件的是（　　　）。

    A．百度　　　　　　B．爱奇艺　　　　C．迅雷　　　　　D．酷狗

41．在发送邮件时，选择（　　　），则抄送的其他收件人不会知道该对象同时也收到了该邮件。

    A．密件抄送　　　B．回复　　　　　C．定时发送　　　D．添加附件

42．在使用 QQ 进行即时通信时，首先应该（　　　）。

    A．添加好友　　　　　　　　　　　　B．注册一个 QQ 账号

    C．打开好友的聊天窗口　　　　　　　D．添加好友群

43. 在下列选项中，提供了音频/视频在线播放服务的网站有（　　）。
   A. 优酷　　　　　　B. 土豆　　　　　　C. 爱奇艺　　　　　　D. 迅雷
44. 在网站上播放和观看视频时，不可以进行的操作是（　　）。
   A. 暂停当前播放的视频　　　　　　　　B. 调整当前视频的播放进度
   C. 调整当前视频的播放音量　　　　　　D. 将当前播放视频拖动至其他客户端播放

二、多选题

1. 网络的拓扑结构有（　　）。
   A. 环状结构　　　B. 星状结构　　　C. 总线型　　　D. 令牌环网
2. 下列选项中，Internet 能够提供的服务有（　　）。
   A. 文件传输　　　B. 电子邮件　　　C. 远程登录　　　D. 网上冲浪
3. 一个 IP 地址由 3 个字段组成，它们是（　　）。
   A. 类别　　　　　B. 网络号　　　　C. 主机号　　　　D. 域名
4. 下列选项中，（　　）是电子邮件地址中必须有的内容。
   A. 用户名　　　　　　　　　　　　　B. 用户口令
   C. 电子邮箱的主机域名　　　　　　　D. ISP 的电子邮箱地址
5. 电子邮件与传统的邮件相比，其优点主要表现为（　　）。
   A. 方便　　　　　　　　　　　　　　B. 可以包含声音、图像等信息
   C. 价格低　　　　　　　　　　　　　D. 传输量大
6. 关于域名 www.acm.org，说法正确的是（　　）。
   A. 是中国非营利组织的服务器　　　　B. 最高层域名是 org
   C. 组织机构的缩写是 acm　　　　　　D. 是美国非营利组织的服务器
7. （　　）是常见的计算机局域网络的拓扑结构。
   A. 星状结构　　　B. 交叉结构　　　C. 关系结构　　　D. 总线型结构

三、判断题

1. TCP/IP 是 Internet 上使用的协议。（　　）
2. WWW 是一种基于超文本方式的信息查询工具。（　　）
3. IP 地址是由一组 16 位的二进制数组成的。（　　）
4. 域名的最高层均代表国家。（　　）
5. 带宽与传输速率都是模拟信号和数字信号用于表示数据传输能力的参数。（　　）
6. Internet 使用的语言是 TCP/IP。（　　）
7. 计算机插入网卡后，连接电话线后就可以联网了。（　　）
8. 用户的电子邮箱地址就是 IP 地址。（　　）
9. Internet 域名系统对域名长度没有限制。（　　）
10. 可为一个主机的 IP 地址定义多个域名。（　　）
11. Internet 是一个提供专门网络服务的国际性组织。（　　）
12. 一个完整的 URL 地址由"协议名称"和"服务器名称"组成。（　　）
13. PC 接入局域网必须安装集线器和网络适配器。（　　）
14. 必须通过浏览器才可以使用 Internet 提供的服务。（　　）

15. 电子邮件可以发送除文字之外的图形、声音、表格和传真。（　　）

16. 用户可以自己设置邮箱容量的大小。（　　）

17. 调制解调器的性能是决定上网速度快慢的关键因素。（　　）

18. 超链接是指从一个网页指向一个目标的连接关系，这个目标可以是另一个网页，也可以是相同网页上的不同位置。（　　）

19. 电子邮件的发送对象只能是不同操作系统下同类型网络结构的用户。（　　）

20. 电子邮箱是存放和管理电子邮件的场所，一个电子邮箱可以有多个地址。（　　）

项目七
计算机系统维护与安全

情境　计算机的维护与安全

一、单选题

1. 一个磁盘由若干个磁盘分区组成，分别是主分区和（　　　）。
   A. 物理分区　　　　　B. 间接分区　　　　C. 直接分区　　　　D. 扩展分区

2. 在扩展分区中，可建立多个（　　　）。
   A. 物理分区　　　　　B. 逻辑分区　　　　C. 直接分区　　　　D. 扩展分区

3. 产生磁盘碎片的主要原因一般包括下载和（　　　）。
   A. 无用文件过多　　　　　　　　　B. 文件没删除干净
   C. 文件存储量过大　　　　　　　　D. 文件的操作

4. 要想打开注册表，应该在"运行"对话框的"打开"文本框中输入（　　　）命令。
   A. regedit　　　　B. compmgmt.msc　　C. comn　　　　D. msconfig

5. 计算机在使用过程中产生的无用垃圾文件和临时文件，会占用磁盘空间，并（　　　）。
   A. 影响系统的运行速度　　　　　　B. 影响其他文件的存放
   C. 影响电脑软件的使用　　　　　　D. 容易感染病毒

6. 在磁盘碎片整理窗口中，"分析"的作用是（　　　）。
   A. 判断是否需要进行碎片整理　　　B. 优化磁盘文件系统，为整理碎片准备
   C. 进行磁盘碎片整理　　　　　　　D. 以上都不对

7. 下列关于硬盘故障的说法，不正确的是（　　　）。
   A. 如果在 BIOS 中能够检测到硬盘而硬盘不能启动，可能是操作系统出了问题
   B. 如果在 BIOS 中能够检测到硬盘而硬盘不能启动，说明硬盘可能没有问题
   C. 如果硬盘在 BIOS 中不能检测到，说明硬盘肯定有问题
   D. 以上说法都不对

8. 通过设置 Windows 的虚拟内存，可以（　　　）。
   A. 增加系统原本的内存空间
   B. 将部分硬盘空间充当内存使用
   C. 提高系统的运行速度
   D. 提高内存空间的利用率

9. 在"运行"对话框中输入（　　　）命令，可快速打开"计算机管理"窗口。

    A. regedit   B. compmgmt.msc C. comn   D. msconfig

10. 设置系统自动更新，一般是通过（　　　）进行设置。

    A. "计算机管理"窗口   B. "Windows Update"窗口

    C. "计算机"窗口   D. "系统配置"窗口

11. 蠕虫病毒的前缀是（　　　）。

    A. Win32   B. Worm   C. Win95   D. Macro

12. 下列选项中，可能是计算机感染病毒的途径的是（　　　）。

    A. 从键盘上输入数据   B. 通过电源线

    C. 所使用的硬盘表面不清洁   D. 通过 Internet 的 E-mail

13. 下列选项中，可以防止移动硬盘感染计算机病毒的方法的是（　　　）。

    A. 使移动硬盘远离电磁场   B. 定期对移动硬盘作格式化处理

    C. 对移动硬盘加上写保护   D. 禁止与有病毒的其他移动硬盘放在一起

14. 计算机病毒会造成（　　　）。

    A. CPU 烧毁   B. 磁盘驱动器损坏

    C. 程序和数据被破坏   D. 磁盘的物理损坏

15. 计算机病毒是一种（　　　）。

    A. 程序   B. 电子元件

    C. 微生物"病毒体"   D. 机器部件

16. 黑客病毒前缀名一般为（　　　）。

    A. Worm   B. Macro   C. Hack   D. Word

17. 按其寄生场所不同，计算机病毒可分为引导型病毒和（　　　）两大类。

    A. 娱乐性病毒   B. 破坏性病毒

    C. 文件型病毒   D. 潜在性病毒

18. 下列属于计算机常见病毒特点的是（　　　）。

    A. 良性、恶性、明显性和周期性   B. 周期性、隐蔽性、复发性和良性

    C. 隐蔽性、潜伏性、传染性和破坏性 D. 只读性、趣味性、隐蔽性和传染性

19. 可以感染 Windows 操作系统，其文件后缀名一般为（　　　）。

    A. *.docx 和 *.dll   B. *.docx 和 *.xlsx

    C. *.exe 和 *.txt   D. *.exe 和 *.dll

20. 下列设备中，能在计算机之间传播"病毒"的是（　　　）。

    A. 扫描仪   B. 鼠标   C. 光盘   D. 键盘

21. 为了预防计算机病毒，对于外来磁盘应（　　　）。

    A. 禁止使用   B. 先查毒，后使用 C. 使用后，就杀毒 D. 随便使用

22. 出现下列（　　　）现象时，应首先考虑计算机感染了病毒。

    A. 不能读取光盘   B. 系统报告磁盘已满

    C. 程序运行速度明显变慢   D. 开机启动 Windows 时，首先扫描硬盘

23. 发现计算机感染病毒后，可通过（　　　）操作清除病毒。

    A. 使用杀毒软件   B. 扫描磁盘

    C. 整理磁盘碎片   D. 重新启动计算机

24. 在下列操作中，通过（　　）不可以清除文件型计算机病毒。
　　A．删除感染计算机病毒的文件　　　　B．将感染计算机病毒的文件更名
　　C．格式化感染计算机病毒的磁盘　　　D．用杀毒软件进行清除

25. 对于已经感染病毒的磁盘，应（　　）。
　　A．不能使用　　　　　　　　　　　　B．用杀毒软件杀毒后继续使用
　　C．用酒精消毒后继续使用　　　　　　D．可直接使用，对系统无任何影响

26. 冰河播种者（Dropper.BingHe2.2C）属于（　　）。
　　A．复合型病毒　　　　　　　　　　　B．引导文件型病毒
　　C．病毒种植程序病毒　　　　　　　　D．非生物型病毒

27. 下列关于防火墙作用的描述，正确的是（　　）。
　　A．防止具有危害性的网站主动连接电脑
　　B．可以过滤掉不安全的网络访问服务，提高上网安全性
　　C．防止病毒在电脑上的传播和扩散
　　D．以上说法都不对

28. 下列不属于第三方系统保护软件的是（　　）。
　　A．卡巴斯基　　　　B．金山毒霸　　　　C．瑞星杀毒　　　　D．鲁大师

二、多选题

1. 下列可能会产生磁盘碎片的操作包括（　　）。
　　A．移动文件　　　　B．删除文件　　　　C．添加文件　　　　D．查杀系统

2. 硬盘分区包括（　　）。
　　A．主分区　　　　　B．扩展分区　　　　C．物理分区　　　　D．原始分区

3. 计算机病毒（　　）。
　　A．可能会损坏系统数据　　　　　　　B．是人为编制的具有传染性的程序
　　C．是计算机硬件的故障　　　　　　　D．是计算机软件故障

4. Outlook 可以实现（　　）功能。
　　A．日程管理　　　　B．收发电子邮件　　C．网上冲浪　　　　D．防治病毒

5. 下列关于计算机病毒的说法，正确的是（　　）。
　　A．计算机病毒能自我复制　　　　　　B．计算机病毒具有隐藏性
　　C．计算机病毒是一段程序　　　　　　D．计算机病毒是一种危害计算机的生物病毒

6. 下列关于防止计算机病毒传染的方法，错误的是（　　）。
　　A．干净的硬盘不要与来历不明的硬盘放在一起
　　B．不要复制来历不明的硬盘上的文件
　　C．长时间不用的硬盘要经常格式化
　　D．对硬盘上的文件要经常复制

三、判断题

1. 在 BIOS 中能够检测到硬盘，但是硬盘不能启动，可能是操作系统出了问题。（　　）

2. 硬盘主分区只能分为两个分区。（　　）

3. 当不需要使用某个硬盘分区时，可将其删除。（　　）

4. 清理磁盘空间可以优化磁盘空间。（　　　）

5. 磁盘清理可以帮助释放硬盘驱动器的空间。（　　　）

6. 发现计算机病毒后，比较彻底的清除方式是格式化磁盘。（　　　）

7. 计算机病毒是计算机软件出现的故障。（　　　）

8. 鼠标操作不灵活，应首先考虑计算机是否感染病毒。（　　　）

9. 计算机感染病毒后，可能造成内存条物理损坏。（　　　）

10. 计算机病毒的最终目的是干扰和破坏系统的软、硬件资源。（　　　）

11. 计算机病毒具有潜伏性。（　　　）

12. 扫描仪可以在计算机之间传播病毒。（　　　）

13. 计算机病毒是一个 MIS 程序。（　　　）

14. 计算机病毒是对人体有害的病菌。（　　　）

15. 计算机病毒是一段程序，对计算机无直接危害。（　　　）

四、判断题

1. 将 QQ 设置为禁止开机自动启动。

2. 从 F 盘中再创建一个新分区 G，空间为 30GB。

3. 对 C 盘进行磁盘分析，然后使用磁盘清理工具，对已下载的程序文件、Internet 临时文件、回收站、临时文件和安装日志文件等进行清理。

4. 使用杀毒软件执行快速杀毒操作，并清理扫描出来的病毒文件。

5. 对当前系统盘进行病毒扫描，并清理扫描出来的病毒文件。